一流本科专业一流本科课程建设系列教材

材料科学基础实验教程

主　编　杨晓红
副主编　王渊博
参　编　韩丽平　刘志慧

机械工业出版社

本书为吉林大学本科"十四五"规划教材，为适应材料科学基础课程体系的不断发展和新工科教育背景下复合型人才的培养需求而编写。

本书共包括十个实验，九个实验对应材料科学基础课程的理论部分，一个实验为智能光学显微镜的功能介绍，实验类型以验证性和综合性实验为主，并针对存在一定安全风险的实验环节进行了风险评估。

本书可作为普通高等学校材料类本科专业的材料科学基础课程、机械类本科专业的工程材料课程的实验教学指导用书，也可以作为高职高专、中等职业院校相关专业的实践教学用书。

图书在版编目（CIP）数据

材料科学基础实验教程/杨晓红主编. —北京：机械工业出版社，2023.7

一流本科专业一流本科课程建设系列教材

ISBN 978-7-111-74024-7

Ⅰ.①材… Ⅱ.①杨… Ⅲ.①工程材料-材料试验-高等学校-教材 Ⅳ.①TB302

中国国家版本馆 CIP 数据核字（2023）第 192055 号

机械工业出版社（北京市百万庄大街22号 邮政编码100037）
策划编辑：丁昕祯　　　　　　　　责任编辑：丁昕祯
责任校对：丁梦卓　王　延　　封面设计：张　静
责任印制：常天培
北京机工印刷厂有限公司印刷
2024 年 8 月第 1 版第 1 次印刷
184mm×260mm·6.75 印张·164 千字
标准书号：ISBN 978-7-111-74024-7
定价：25.00 元

电话服务　　　　　　　　　　　网络服务
客服电话：010-88361066　　　机 工 官 网：www.cmpbook.com
　　　　　010-88379833　　　机 工 官 博：weibo.com/cmp1952
　　　　　010-68326294　　　金 书 网：www.golden-book.com
封底无防伪标均为盗版　　　机工教育服务网：www.cmpedu.com

前　言

实验教学是普通高等学校工程类专业本科教育教学体系的重要组成部分，在培养学生的实践动手能力、分析和解决问题能力及科研创新意识等方面都发挥了重要作用。材料学科是一门兼具理论性和实践性的应用学科，实验教学和理论教学的互为支撑、协调发展，更有助于学生加深对理论知识的理解，从而使学生真正掌握培养目标所要求的专业技能，成为适应未来社会和科技发展需求、具备较强实践能力和创新能力的复合型人才。

根据吉林大学材料实验教学中心开设的实验项目，本教材编写团队制定了教材建设的三部曲规划：第一部教材《工程材料实验教程》已经出版，其内容对应"工程材料"课程，授课对象为工程类的本科生；本书为第二部教材，内容对应"材料科学基础"课程，授课对象为材料类本科生；第三部教材正在筹划中，对应"材料力学性能""固态相变原理"等课程，授课对象为金属材料工程专业的本科生。本书作为"材料科学基础"课程的实验指导书，为推进一流本科专业建设，继承和发扬"厚基础、重实践、严要求"教学传统，在前期校内自编讲义基础上改编而成。随着学科的快速发展、先进智能设备的不断增加，本书围绕成分、组织、工艺和性能四要素之间的对应关系，在内容和方法上进行了改进，增加综合型实验项目。项目难易适中，逻辑清晰，层层递进，对于存在一定安全风险的实验过程，均进行了风险评估，以增强学生的安全意识。

本书为吉林大学本科"十四五"规划教材，适用于普通高等教育材料类本科生的实验教学。

本书由杨晓红研究员任主编，王渊博任副主编。编写分工为：韩丽平（实验一、实验六及实验八）、刘志慧（实验二、实验十及附录部分）、杨晓红（实验四、实验七）、王渊博（实验三、实验五及实验九），全书由杨晓红、王渊博统稿。感谢曹占义教授对本书提出的宝贵意见。感谢一直以来对本实验教学作出贡献的各位老师，感谢吉林大学材料科学与工程学院对本书出版给予的大力支持。

由于编者水平有限，书中难免存在疏漏之处，敬请广大读者批评指正。

编　者

目　录

实验一　金相样品制备

一、实验目的

1. 掌握金相样品制备过程及显示方法。
2. 熟悉金相显微镜的原理、构造、使用及维护方法。
3. 了解金相分析方法并学会分辨常用金属材料的显微组织。

二、实验原理

金相显微分析就是利用金相显微镜将金属组织放大数十倍至上千倍，以研究金属显微组织大小、形态、分布、数量和性质的一种方法。生产实际中，为了研究金属材料的性能，经常需要进行金相显微组织的检验和分析。

金相试样制备的质量直接影响组织观察的结果，如果试样制备不符合要求，就有可能出现假象而产生错误的判断，致使整个分析得不到正确的结论。因此，为了得到合乎观察需求的金相显微试样，需经过一系列较为严格的试样制备过程。GB/T 13298—2015《金属显微组织检验方法》对试样准备、研磨、抛光、显微组织显示和显微组织检验等方面均给出了完整的要求，可指导金相显微分析的具体实施过程。

（一）金相样品的制备

合格的金相试样应具有以下特点：具有代表性、组织要真实、无划痕、无污物、无变形层、平坦光滑及夹杂物完整。金相样品制备主要包括如下工序：取样、夹持（镶嵌）、磨制（粗磨、细磨）、抛光、显示和保存。

1. 取样

取样时要根据研究目的来选择有代表性的部位，试样大小以便于握持、易于磨制为准，GB/T 13298—2015《金属显微组织检验方法》推荐的试样尺寸为：磨面面积小于 $400mm^2$，高度为 $15\sim20mm$，如图 1-1 所示。

取样位置确定后，有时还要考虑选择横向截面还是纵向截面，或者同时观察。纵向截面主要用于研究晶粒变形程度（如带状组织）、夹杂物、化合物和偏析的评级等，横向截面主要用于研究心部至表层的组织缺陷变化、晶粒度的评级、表面处理层的组织和碳化物网的形态等。

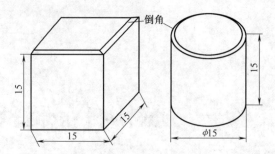

图 1-1　推荐的金相试样尺寸（GB/T 13298—2015）（单位：mm）

对于软材料，可以用手锯或锯床切割；对于硬材料，可以用砂轮切片机或线切割机来切割；对于硬而脆的材料，可用锤击取下。无论使用哪种方法都应注意：尽量避免和减轻因塑性变形或温度过高引起的金属组织变化，减小切割受力引起的变形层，保护要观察的特殊部位，如热处理表面强化层、化学热处理层、热喷涂层及镀层、氧化脱碳层、裂纹区及零件失效部位特征等，试样切取后要做好标记，成分状态等要写清楚。

2. 镶嵌及夹持

在某些特殊情况下，如取样后的试样尺寸过小、过薄不易握持，要求保护试样边缘（表面处理的检测、表面缺陷的检验等），形状不规则等，要对试样进行镶嵌或夹持。在现代金相实验室中，广泛使用半自动化或自动化磨抛机，要求试样的尺寸规格化才能装入夹持器中，因此也需要进行镶嵌。

镶嵌主要有热镶嵌和冷镶嵌两种方式，如图 1-2a、1-2b 所示。镶嵌的原则是不能影响原始组织，试样与镶嵌材料最好有相近的硬度、耐磨性和耐蚀性，以利于试样制备和腐蚀。

热镶嵌是将试样置于镶嵌机中，与镶嵌材料一起加热、加压固化后取出，是应用最为广泛的一种方式。其特点是镶嵌质量高、试样尺寸形状统一、省时经济。热镶嵌材料的热塑性成形温度一般在 150℃ 左右，一般不会影响试样的金相组织，但热镶嵌不适用于对温度敏感的材料、较软的材料、在加压时易产生塑性变形的材料等。常用热镶料有电木粉、聚苯乙烯和聚氯乙烯等。

冷镶嵌是将样品放在模型中，利用化学催化作用镶嵌成形。其特点是方便灵活、不需加热、适用于各种形状样品，尤其适用于不宜受压的软材料、组织结构对温度敏感或熔点低的材料。常用的冷镶料有牙托粉、牙托水、环氧树脂和丙烯酸等。一般在空气中即可固化，为提高质量，也可在冷镶机中抽真空进行。

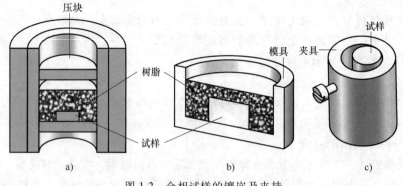

图 1-2　金相试样的镶嵌及夹持
a）热镶嵌　b）冷镶嵌　c）夹持

夹持试样需要专门制作夹具，如图1-2c所示。制作夹具的材料一般多选用低碳钢、不锈钢、铜合金等。形状尺寸根据被夹试样的情况确定。夹持试样的优点是方便、效率较高；缺点是需额外制作夹具，夹具缝隙中易留下水与浸蚀剂，试样表面极易受到污染。

3. 磨制

磨制一般分粗磨和细磨。

（1）粗磨 粗磨的目的是获得一个平整的表面，同时也为了去掉取样样品表面损伤的部分。粗磨通常在砂轮机、磨平机或粗砂纸上进行。

磨制时应注意：试样对砂轮的压力不宜过大，否则会在试样表面形成很深的磨痕，从而增加细磨和抛光的困难；要随时用水冷却试样，以免受热引起组织变化；试样边缘的棱角若无保存的必要，可先行磨圆（倒角），以免在细磨及抛光时撕破砂纸或抛光布，甚至造成试样从抛光机上飞出伤人。

（2）细磨 经粗磨后试样表面虽较平整，但仍存在较深的磨痕。细磨的目的就是消除这些磨痕，以获得更为平整而光滑的磨面。

细磨是在一套粗细不同的金相砂纸上，由粗到细依次进行的。砂纸粗细一般按单位面积内砂粒的颗粒度来定义。根据不同的表示方法和标准，砂纸的粒度号代表执行相应标准对磨粒进行筛分后的颗粒状态，具体可参考GB/T 9258.3—2017《涂附磨具用磨料 粒度分析第3部分：P240～P2500粒度组成的测定》。手工磨制试样方法如图1-3所示，磨制及抛光过程中试样表面的粗糙程度变化如图1-4所示。

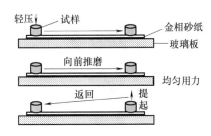

图1-3 手工磨制试样方法示意图

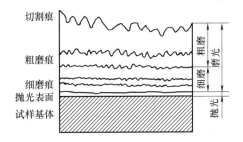

图1-4 表面磨制及抛光过程中试样
表面粗糙程度的变化图

细磨时需要注意：

1）在玻璃板上磨制，原则上单向向前推磨，避免产生塌边和弧度。

2）砂纸应按粒度由粗到细顺序放置，不应混放。粗砂纸在下，细砂纸在上，然后从粗砂纸到细砂纸依次磨制。用过的砂纸仍然按由粗到细的次序摆好，以防粗砂粒落到细砂纸上，影响磨制效果。砂纸粒度不能跳跃过大，否则难以去除前道砂纸的磨痕。

3）磨制时用力要均匀，试样完全接触砂纸，频率不必过快。每换一道砂纸，试样旋转90°，以便于观察磨痕的方向及去除情况，不断观察调整，直至完全去除上一道砂纸的磨痕。由粗砂纸到细砂纸，力量应该越来越轻，避免带来深的磨痕。

4）更换砂纸时，要清理干净玻璃板、试样和双手。

除了手工磨制，还可以使用水砂纸在预磨机上进行机械磨制。金相试样预磨机如图1-5

所示，磨制时砂纸由粗到细依次进行，由于有水不断冷却，将热量及磨粒不断带走，因此不易产生变形层，样品质量容易控制。机械磨制效率高，节省人力。在预磨机上磨制时，一定要使用水砂纸湿磨，切忌干磨。

4. 抛光

抛光的目的是去除细磨时留下来的细小磨痕而获得光亮的镜面，以便观察真实的金相组织。理想的抛光效果应该是试样表面平滑光亮、无划痕、无浮雕、无塑性变形层、无非金属夹杂物脱落，可用肉眼或在显微镜下检查抛光效果。

抛光可分机械抛光、电解抛光和化学抛光。最常用的抛光方法是机械抛光。

（1）机械抛光　机械抛光的原理是抛光颗粒嵌入抛光布纤维中对试样表面产生磨削作用，以及自由颗粒流动对金属表面产生滚压作用，以此去除细磨后留下的细小划痕，获得平整光滑的观察面。

机械抛光在抛光机上进行，如图1-6所示。抛光机主要由电动机和抛光圆盘组成，机器型号不同，抛光盘的转速也不同，也有可调速的抛光机，以适应不同硬度材料的抛光。抛光机上根据需要铺有不同材质的抛光布。抛光过程中，需要在抛光盘上加入抛光液或抛光膏。抛光液常采用由 Al_2O_3、MgO 或 Cr_2O_3 等极细的磨料加水形成的悬浮液。Cr_2O_3 呈绿色，具有很高的硬度，适用于淬火后的合金钢、高速钢等较硬材料的抛光。Al_2O_3 呈白色，硬度极高，可用于粗抛和精抛。MgO 呈白色，具有一定的硬度，适用于铝、镁及其合金等软性材料的最后精抛。金刚石抛光膏是不同粒度的极细金刚石粉与其他材料精细制成的，硬度高，磨削力强，抛光效率高，表面质量好。一般的碳钢材料抛光选用 W2.5 的金刚石抛光粉就可以，而镁合金抛光需要选用 W1.5~0.5 的金刚石抛光膏。

图 1-5　金相试样预磨机　　　　　　　　图 1-6　金相试样抛光机

抛光分为粗抛和精抛。粗抛的目的是消除细磨留下的划痕，常用帆布、粗呢、法兰绒等纤维较粗的抛光布以及粒度较粗的抛光剂。精抛的目的是消除粗抛留下来的磨痕，得到光亮平整的观察面，常用丝绒等细的用料及细的抛光剂。根据材料情况选择是否需要精抛，较软的材料一般直接精抛，以免产生严重的扰乱层。

机械抛光的操作步骤：

1）机械抛光前，先检查固定抛光布的钢圈和保护罩是否牢固，不牢固则需重新安装固定；然后检查抛光布是否洁净平整，否则需要重新清洗或更换。操作者需要将手擦干，才可以按动抛光机起动按钮。

2）抛光过程中，操作人员要保持直立状态，不要低头弯腰操作，以免试样飞出伤人。操作力度要适中，力度过小则抛光时间长，过大则容易过热，也容易使试样表面产生较深的变形层，甚至造成电动机过载，或者使抛光布起皱、试样飞出。

3）抛光布湿度要适度，以试样离开抛光盘后水分3~5s挥发完为好，过干则磨面过热发黄，过湿则使抛光效率降低，并可能使钢铁中的夹杂物或石墨拖出。

4）抛光过程中，可以使试样在抛光盘上径向往复运动，也可以顺时针或逆时针方向转动试样，从而提高抛光质量，避免拖尾现象。

5）当抛光到试样看不出任何磨痕而呈光亮的镜面时，将试样用流水冲洗干净，再用乙醇冲洗，用吹风机吹干。如果只需要检查抛光效果，或者观察金属中的夹杂物或石墨，则此时即可在金相显微镜下进行观察研究。

（2）电解抛光　电解抛光是以被抛试样为阳极，不溶性金属为阴极，两极同时浸入电解槽中，通直流电而产生有选择性的阳极溶解，从而达到试样表面光亮度增大的效果。电解抛光的优点是抛光表面由于无附加应力的作用，不会产生变形层，对难以用机械抛光的硬质材料、软质材料都能抛光，抛光时间短且效率高；缺点是电解液通用性差，使用寿命短且一般有强腐蚀性，对成分偏析敏感，不适用于组织中存在明显成分偏析的材料。

（3）化学抛光　化学抛光是靠化学试剂对样品表面凹凸不平区域的选择性溶解作用以消除磨痕、浸蚀整平的一种方法。化学抛光的优点是：操作简单，无需专用仪器；由于无附加应力，所以不会产生变形层；抛光的同时兼有化学浸蚀的作用，能显示金相组织，抛光结束即可观察。化学抛光的缺点是：抛光速度较小，表面光滑光亮程度比电解抛光差，不适合高倍观察；抛光液的寿命较短，消耗较大，成本较高。

5. 组织显示

抛光后的金相试样，如果直接用金相显微镜观察，只能看到白亮的基体，无法辨别各种组织组成物及形态特征（金属夹杂物、石墨、裂纹、空洞等本身具有独特反射特征的组成物除外），因此需采用适当的方法来显示金属组织。

组织显示方法一般可以分为物理方法与化学方法两类。

物理方法是借助金属的物理性能差异来显示金属组织，具体可采用光学法、干涉层法和高温浮凸法等。其中，光学法是通过在金相显微镜中添加相应的光学附件，实现偏振光、相衬、干涉等观察模式，将组织中各相的位相差异转化成可见衬度，基本上不通过化学溶液的作用即可把金相试样在反射光中肉眼无法分辨的物相显示出来，这样可以避免化学腐蚀过程中可能产生的某些假象。

化学方法主要是指浸蚀方法，包括化学浸蚀、电化学浸蚀等，利用化学溶液在组织中不同相之间或相界面处产生的化学溶解或电化学腐蚀作用来显示金属组织。

化学浸蚀方法通常有浸蚀法、擦蚀法和滴蚀法三种。浸蚀法是将试样抛光面朝下浸入浸蚀剂，避免抛光面接触容器底部，并不断轻微晃动试样，以免试样表面形成气泡或沉积腐蚀产物。擦蚀法是用蘸有腐蚀剂的脱脂棉擦拭试样抛光面。滴蚀法是用滴管把腐蚀剂滴在抛光面上。浸蚀时间要适当，一般观察到光亮的抛光面失去光泽而呈银灰色后，立即用清水冲洗试样，滴上乙醇，并用吹风机吹干。

根据材料的性质、浸蚀剂的浓度、检验目的及显微检验的放大倍数等来确定浸蚀时间。放大倍数越大，浸蚀应该越浅，浸蚀时间应该越短。浸蚀后，如果浸蚀程度不足，可直接再次进行浸蚀，或重新抛光后再次浸蚀。如果浸蚀过度，可以重新抛光，有时需要重新砂纸磨制及抛光后再次浸蚀。不同的金属试样采用不同的腐蚀剂，附录C给出了一些常见的化学浸蚀剂，钢铁材料最常用的是4%硝酸乙醇溶液。

化学浸蚀过程与试样的成分及组织结构有关。纯金属（或单相均匀固溶体）的浸蚀基本上为化学溶解过程。如图 1-7 所示，位于晶界处的原子和晶粒内部原子相比，自由能较高，稳定性较差，故易受浸蚀形成凹沟。晶粒内部被浸蚀程度较轻，大体上仍保持原抛光平面。在明场下观察，可以看到一个个晶粒被晶界（黑色网络）隔开。若浸蚀较深，还可以发现各个晶粒明暗程度不同的现象。两相合金的浸蚀与单相合金不同，它主要是一个电化学浸蚀过程。在相同的浸蚀条件下，具有较高负电位的相（微电池阳极）被迅速溶解而凹陷下去；具有较高正电位的相（微电池阴极）在正常电化学作用下不被浸蚀，保持原有的光滑平面。这样两相之间产生高度差，同时相界处同晶界一样也会优先被腐蚀，如图 1-8 所示不同形态的 α、β 两相。

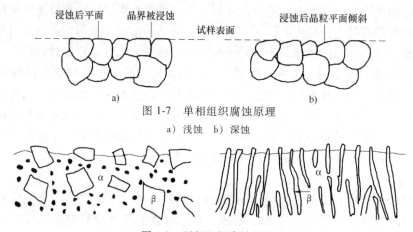

图 1-7　单相组织腐蚀原理

a）浅蚀　b）深蚀

图 1-8　两相组织腐蚀原理

化学腐蚀后，试样表面变得不平整，当在金相显微镜下观察时，物镜射出的光线在试样表面的反射情况如图 1-9 所示。当光线射到试样表面平滑部分（如晶粒内部）时，光线会经物镜反射回到目镜，即可以看到明亮的组织。如果光线射到不平整部分（如晶界处），光线会发生散射，反射回到目镜的光线较少，因此是黑色。

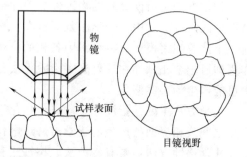

图 1-9　金相显微镜下观察显微组织的成像原理

6. 金相试样的保存

已制备好的金相试样表面很容易受到破坏。任何不必要的接触、擦碰都有可能带来污迹、划痕等，都会影响观察质量，严重的甚至失去观察价值而需要重新制备试样，浪费时间和精力。因此，应特别注意对腐蚀后样品的保护与保存，在观察时应注意小心操作，避免磕碰，对于某些易于氧化的样品应在制备好后及时观察、拍照，避免较长时间后表面质量变差；需要较长时间保存的样品可以保存在干燥、密封的容器内。

（二）金相显微镜

1. 金相显微镜的放大原理

金相显微镜主要是利用光线的反射原理，将不透明物体（如金属、岩石、塑料等）放大后进行观察研究。金相显微镜的放大作用通过两组透镜来完成。对着所观察物体的透镜组叫物镜，对着眼睛的透镜组叫目镜。

　　显微镜的放大成像原理如图 1-10 所示，将所要观察的物体 AB 放在物镜 1~2 倍焦距之间（焦点 F_1 左侧略远处），物体的反射光线穿过物镜经折射后，在 AB 的异侧得到放大倒立实像 $A'B'$，该实像落在目镜 1 倍焦距之内（焦点 F_2 右侧）。人眼通过目镜可在 $A'B'$ 的同侧观察到正立放大虚像 $A''B''$。这就是我们在显微镜下研究实物时所观察的物体。由于人眼的正常视距为 250mm（明视距离，即图中距离 D），所以在设计上让目镜观察到的倒立虚像在距离眼睛 250mm 处成像，这样可以看得最清晰。

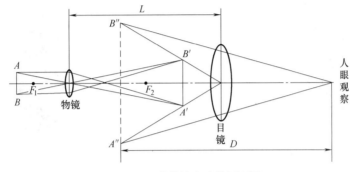

图 1-10　显微镜放大成像原理图

2. 金相显微镜的放大倍数

物镜的放大倍数：$M_1 = A'B'/AB$

目镜的放大倍数：$M_2 = A''B''/A'B'$

显微镜的总放大倍数：$M_总 = M_1 \cdot M_2 = A''B''/AB$

即显微镜的总放大倍数等于物镜和目镜单独放大倍数的乘积。

　　有的显微镜为了避免镜筒过长使用不便，缩短了物镜与目镜的距离，因此其放大倍数 $M = KM_1M_2$，K 称镜筒系数，K 值一般都标在物镜上。

　　一般金相显微镜的放大倍数：<200× 称为低倍，200×~600× 称为中倍，>600× 称为高倍。用显微镜观察时，先在低倍下全面了解整个视野，然后根据实际需要进行局部放大。

3. 金相显微镜的构造

金相显微镜的结构包括三大系统：光学系统、照明系统和机械系统。现以倒置式金相显微镜为例进行说明，如图 1-11 所示。

　　（1）光学系统　光学系统主要包括物镜、目镜等。物镜由许多不同形状、种类的玻璃制成的透镜组成。位于接物镜前端的透镜是一块平凸的玻璃，叫作前端透镜，其他位于前端透镜之后的透镜叫做校正透镜。前端透镜的用途是为了放大，校正透镜是用来校正前端透镜引起的光学缺陷。物镜作为显微镜的主要光学部件，直接影响显微镜的成像质量，而衡量物镜成像的因素还有数值孔

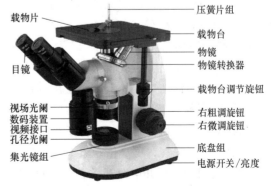

图 1-11　倒置式金相显微镜结构简图

载物片
压簧片组
载物台
物镜
物镜转换器
目镜
载物台调节旋钮
视场光阑
数码装置
视频接口
孔径光阑
集光镜组
右粗调旋钮
右微调旋钮
底盘组
电源开关/亮度

径、分辨能力、景深度、放大倍数、像差校正程度等。

物镜的主要性能指标已标注在物镜的外壳上，如物镜类别、放大倍数、数值孔径、机械镜筒长度等。如图1-12所示：Plan表示镜头类别为平场消色差物镜；40/0.65中40为放大倍数，0.65为数值孔径；160表示机械镜筒长为160mm。物镜上的不同色圈代表不同的放大倍数，红色：4×或5×；黄色：10×；绿色：20×；蓝色：40×、50×或60×；白色：100×。

目镜由两个平凸透镜组成，两个平凸透镜间放一光圈，目的是限制显微镜的视场，限制边缘的光线。常见的目镜类型有负型目镜、正型目镜（如雷斯登目镜）、补偿目镜和测微目镜等。目镜上一般标有目镜类型与放大倍数等，如图1-13所示，WF表示平场目镜，放大倍数是10×，视场直径为18mm。

图1-12　物镜镜头

图1-13　目镜镜头

（2）照明系统　金相显微镜必须依靠外部光源照射到试样磨面，利用其反射光经物镜和目镜成像。各种型号显微镜的照明原理基本相同，但也有不同的结构。常见的光源照明方法有临界照明、科勒照明、散光照明等。其中科勒照明是目前广泛使用的照明方式，其优点为视场照明均匀，利用孔径光阑和视场光阑可改变照明孔径及视场大小，减少有害漫射光，对提高像的衬度有很大好处。

现以金相显微镜的光学系统为例进行说明，由光源（灯泡）射出的光线通过集光镜会聚在孔径光阑上，经过聚光镜组，再度将光线集中在物镜后焦面。最后光线通过物镜，呈平行光照射试样，使其表面得到充分均匀的照明。从物体表面反射的成像光线，复经物镜、辅助透镜、分色分光片和转像棱镜，形成一个物体的实像，分别进入目头组和摄影目镜，该图像被目镜再次放大，即可被肉眼观察到，同时被CMOS图像传感器采集传输到计算机中的软件上。

（3）机械系统　显微镜的机械系统主要有镜架、底座、载物台、镜筒和调焦旋钮等，如图1-11所示。旋转物镜转换器可以切换不同倍数的物镜；调焦旋钮分为粗调旋钮和微调旋钮，旋转旋钮调节物镜与试样间的相对位置，可得到清晰的观察图像；载物台调节旋钮可使载物台沿前后、左右方向移动，以此来改变观察样品的位置。

4. 金相显微镜的使用及维护

金相显微镜作为实验室较为精密的光学仪器，应放置在阴凉、干燥、无尘、防震、无酸碱蒸气及任何腐蚀性气体的室内。使用过程中要严格遵守操作规程：

（1）使用前　操作者的手必须擦干，试样必须清洁干燥。检查电源、目镜、物镜是否接好，物镜对准载物台中心。选择适当倍数的物镜和目镜，调节粗调旋钮，使物镜远离载物台。一般先低倍观察，再高倍观察。

（2）使用中　打开电源开关，将试样放到载物台上，缓慢旋转粗调旋钮，使试样逐渐接近物镜，目镜里的光线会越来越亮直至出现模糊的成像，再调节微调旋钮，直至组织清晰，亮度不合适可再调整。

注意：试样与物镜接近但绝不要碰上，以防损坏物镜；切忌同时反向旋转左右粗调、微调旋钮，以防损坏调焦系统；不要粗暴地碰撞和挪动显微镜；目镜、物镜等玻璃部件不可用手触摸，可用脱脂棉签、镜头纸等擦拭。观察试样时应轻拿轻放，避免磕碰、划伤样品表面。

（3）使用后　关闭电源，教师检查无问题后方可离开实验室。

5. 现代金相显微镜

随着数字成像技术的飞速发展及广泛普及，数字成像系统已成为现代金相显微镜的标准配置，图像分析处理与显微组织定量分析的自动化程度不断提高。同时，现代金相显微镜有更为优秀的光学系统，光学元件品质更佳，使得对比度和色差校正更完善，分辨率提高，成像效果更好，不仅能针对不同的样品在显微镜上实现不同的观察方法（明场、暗场、荧光等），还能根据需求基于显微镜本体搭建或拆分光路，使显微成像更加灵活多变。

图 1-14 为正立智能金相显微镜，采用了优秀的无限远双重色彩校正及反差增强型光学系统，独立的图像采集系统和图像分析软件。图 1-15 为倒置金相显微镜，其采用万能无限远平行光路设计，配备专业金相图像分析系统。这些高品质的金相显微镜不但能满足本科教学的需求，而且能够更好地为科学研究提供服务。

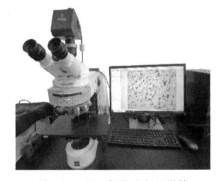

图 1-14　正立智能金相显微镜

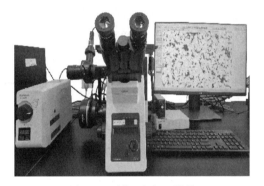

图 1-15　倒置金相显微镜

三、实验设备及材料

（1）实验仪器设备　正立智能金相显微镜、倒置金相显微镜、金相切割机、预磨机、金相试样磨平机、抛光机、吹风机。

（2）实验材料　制备好的 20 钢试样 10~15 块；未制备好的 20 钢试样 30 块。

（3）实验耗材　粗细不同的 4 种金相砂纸及玻璃板共 15 套，金刚石抛光膏、Cr_2O_3 抛光粉、试剂瓶、4% 硝酸乙醇溶液、表面皿，无水乙醇、脱脂棉、竹夹子、木夹子、海军呢抛光布和帆布抛光布。

四、实验内容及步骤

1. 金相样品的制备

1）教师介绍显微样品的制备过程及所用设备。

2）学生每人一块 20 钢试样，在砂轮机上将毛刺磨掉，在预磨机或磨平机上磨平。

3）从粗砂纸到细砂纸进行细磨。

4）使用抛光剂，在机械抛光机上进行抛光。

5）抛光合格后，进行腐蚀、冲洗及时吹干。

6）实验完毕后整理使用的耗材和设备。

2. 金相显微镜的使用

1）教师介绍金相显微镜的构造原理、使用方法及维护。

2）学生独立操作金相显微镜，观察制备好的 20 钢的显微组织，并画出金相组织图。

3）实验完毕后关闭金相显微镜及计算机。

五、实验安全风险预估

序号	关键实验步骤	主要危险源	风险分析	控制和防护措施	突发情况处理
1	磨制试样	金属试样边缘较锋利	可能划伤手部	磨样前可将试样边缘倒角 实验室配备碘伏和创可贴	消毒、包扎
2	抛光试样	抛光设备高速旋转;试样突然飞出	可能出现缠绕;飞出试样伤人	女生束起长发 试样倒角处理,抛光用力要适度	关闭仪器
3	腐蚀试样	4%硝酸乙醇溶液	可能滴落到手上	夹子夹持试样进行操作,试样低于手部	冲洗
4	吹干	吹风机	用电安全及过热	严禁湿手操作 使用完毕及时关闭电源	切断电源

六、实验报告内容

1. 实验名称

2. 实验目的

3. 实验原理

1）金相样品的制备过程。

2）金相显微镜的构造原理及使用方法。

4. 实验设备及材料

5. 实验内容及步骤

6. 实验数据与结果

在 50mm×40mm 的长方形框中或者 ϕ40mm 的圆中画出 20 钢的显微组织示意图，在图中用箭头指明组织，并在示意图下注明材料、处理方法、金相组织、放大倍数、腐蚀剂。

7. 思考题（任选一题）

1）使用金相显微镜时遇到哪些问题？如何解决？结合自身体会写出金相显微镜的操作注意事项。

2）哪些因素会影响金相试样制备的质量？如何改进？结合自己在试样制备过程中遇到的问题总结说明。

3）试简述单相合金和两相合金化学浸蚀过程的异同。

4）手工磨制试样的要点是什么？怎样提高手工磨制的效率？

实验二　金相显微镜的数字图像采集系统

一、实验目的

1. 了解金相显微镜系统的硬件、软件配置及系统功能。
2. 学会使用金相显微镜的图像采集系统进行组织观察、图像拍摄及处理。

二、实验原理

金相显微镜是分析材料显微组织的重要工具，在观察并分析显微组织之后，需要对显微组织形貌进行留存，即显微摄影。传统的显微摄影技术较为繁琐，需要在光学显微镜上加装普通照相机，经过拍照→底片冲洗→底片晾干→相纸曝光→显影→定影→烘干→裁剪等步骤，才能得到一张金相组织照片，大部分工作需要在暗室中进行，对操作人员的技术水平要求较高，且耗时耗力。同时，传统显微摄影得到的金相照片存在无法在计算机上编辑、长时间保存容易出现脱色等问题，拍摄的照片也不方便进行查找、管理以及进一步的交流与分析，早已不能满足现代金相分析的需要。

随着数字成像技术和计算机技术的发展与成熟，二者与光学显微镜的结合也成为了现实。智能金相显微镜主要由光学显微镜、专业相机、显微镜接口、图像采集及处理软件等组成，它可以将显微镜看到的实物图像通过数模转换，使其成像在显微镜自带的屏幕或计算机上，可以很方便地完成数字式金相显微组织照片的采集、存储、编辑、分析等工作。在实验教学中，与传统的光学显微镜相比，智能金相显微镜配有强大的软件处理系统，可以弥补由于样品表面不平或显微镜视野较小而得不到清晰完整图像的缺点，且能够实现对金相图像的专业分析及处理，教师可以通过软件分析系统更清晰直观地讲授知识，从而提升学生分析和解决问题的能力。此处以编者所在实验室的金相显微镜系统为例进行说明。

1. 系统组成及功能

该金相显微镜系统主要由倒置显微镜、显微镜数码相机、计算机及 OLYCIA m3 图像分析系统组成，可获得最高 5760×3600 像素的高质量金相照片，图像的采集及处理依赖于附带的 OLYCIA m3 图像分析系统。

2. OLYCIA m3 图像分析系统的操作简介

在进行图像采集之前，应在显微镜下观察制备好的金相试样，选择需要进行采集的形貌特征与组织视野。

1）打开桌面上软件快捷方式图标，界面窗口包括菜单栏、工具栏、图像和报告处理工作区、图像和报告索引预览栏，如图 2-1 所示。

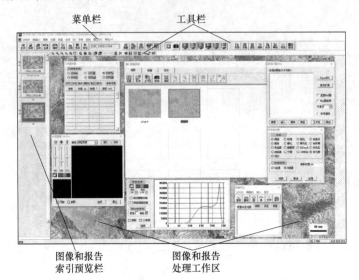

图 2-1　OLYCIA m3 图像分析系统的界面窗口

菜单栏包括文件、编辑、图像、处理、测量、金相、系统、窗口、帮助等项，菜单栏涵盖软件的所有操作命令，对软件的任何操作都能在菜单栏中实现。

工具栏中的各项工具可为用户提供快捷的操作方式，如果工具栏没有显示在菜单栏下面，可在菜单栏的"窗口"工具栏里查看"选择显示工具栏"，工具栏的前面有对号标志，说明工具栏已经显示。各项工具图标如图 2-2 所示。

图 2-2　工具栏中各项工具图标

工具按钮包括图像工具栏（第一排）、金相工具栏（第二排）和图像处理快捷工具栏（第三排）。表 2-1 简要介绍了本软件常用的各按钮代表的具体命令。

2）进入软件主界面后，单击▶按钮开启实时预览。此时若显微镜中调节出所观察金相试样的显微图像，则在软件预览窗口中可同步观察到，但软件所采集的视野范围要小一些。停止实时预览需再次单击▶按钮。

3）拍摄图像时，首先需要在"系统"菜单中选择"图像自动保存设置"（即图片保存路径，默认保存在 OLYCIA m3\Image\TrainPic 目录下），然后单击按钮🎥，命名图片后即可保存。图像、测量线以及图像标注是分层且分别存储的，如果把这些内容合并为一幅图像，单击合并按钮可以保存所有图层信息（包括标尺、图像的描述以及标注）。

表 2-1　工具栏中常用的按钮及功能

图标	图 标 功 能	图标	图 标 功 能
合并	把图像和标注合并成一幅图像存储	反差	增强图像的反差
分割	阈值分割,将图像转化为二值图像	形态	对二值图像进行形态学处理
测量	人工测量图像的长度、角度、面积	EFI	合成不同聚焦面的图像,得到清晰的图像
MIA	对多个视场的图像进行自动拼接	长度	各种层深长度的测定
含量	各种相面积含量的测定	晶粒	各种晶粒度的测定
铸铁	球墨铸铁、蠕墨铸铁等金相分析		夹杂物统计
颗粒	颗粒统计	有色	有色金属晶粒度测定

4）图像的通用处理。拍摄好图像后根据需要对图像进行处理,本章主要介绍显微分析中常用的景深扩展和图像拼接功能。

① 景深扩展。显微镜光学系统的景深较小,尤其在高放大倍率下,由于试样表面是不平坦的,只有在聚焦点前后景深范围内的图像才是清晰的,对于景深外的图像则是模糊的。景深扩展是指将两幅或多幅在不同层次对焦下、同一场景的图像融合成一幅各个层次清晰的图像,适用于试样不平整、不能保证整个视野对焦清晰的情况。首先选择需要拍摄的视场,对不同的点进行聚焦,直至拍摄到的图像序列中每幅图像的清晰部位覆盖整个视场（注意拍摄过程中不可挪动试样,建议沿某一方向依次选择聚焦点,以免漏拍）,图 2-3 所示为三张不同聚焦点图像。在工具栏中单击 EFI 出现如图 2-4a 所示界面,单击"新增"将拍摄好的不同聚焦点的图像插入工作区,也可以单击"抓拍"实时拍摄多张不同聚焦点的图像,单击"Super EFI"按钮,系统将自动识别每幅图像中的清晰部分,最终得到一张清晰的景深合成图像,如图 2-4b 所示,保存到指定位置即可。

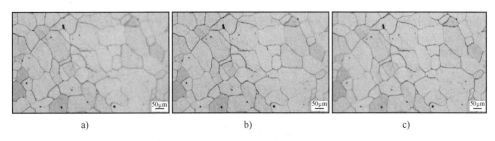

a)　　　　　　　　　　　　b)　　　　　　　　　　　　c)

图 2-3　工业纯铁不同聚焦点的图像

② 图像拼接。"图像拼接"功能主要是将多幅具有重合区域的图像拼接为一幅大图,适用于单一视野不能显示完整、需要多个视野分别拍摄后合成的情况。在工具栏中单击 MIA,出现如图 2-5a 所示对话框,单击"打开"选择需要拼接的图像（注意图像放置的相对位置应与实际采集时各视场相对位置一致）,也可以单击"抓拍"实时拍摄需要拼接的多张图

像。所有图像加载后单击"拼接""开始"按钮执行拼接任务，单击"放大"按照设置的重合比例出现对话框，如图 2-5b 所示，单击"接缝"按钮，软件将以绿色矩形框标示出接缝部分。自动识别会有偏差，需手动修正，双击接缝所在的矩形框，弹出如图 2-5c 所示的修正界面，选中"指定两个重合区域"后，用鼠标依次单击两幅图中相同的特殊点，再单击"确定"完成一个接缝处的拼接，如图 2-6 所示。如果拼接多幅图像，需依次完成所有接缝的拼接，即可得到一幅拼接好的图像，保存到指定位置即可。

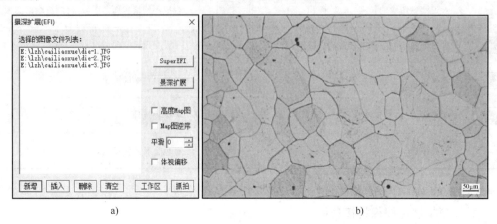

a)   b)

图 2-4　清晰的景深合成图像

a）景深扩展对话框　b）景深合成后的图像

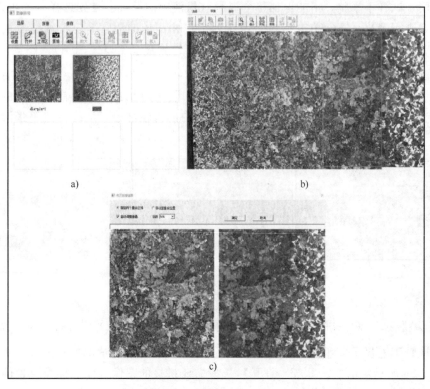

a)   b)

c)

图 2-5　拼接功能对话框

图 2-6 拼接后的图像

5）显微分析实例。OLYCIA m3 图像分析系统具有强大的金相分析能力，本章主要介绍几种本科实验教学中常用的显微分析实例。

① 相面积含量测定。包括自动测量和手动测量两种方法，自动识别对于图片质量要求较高，否则测量误差较大。"定量金相手工测定方法"依据国家标准 GB/T 15749—2008《定量金相测定方法》，采用网格数点法测定显微组织中物相体积分数。

单击菜单栏中的"打开"按钮导入处理好的图像。以 20 钢金相显微图像为例，单击 按钮，进入"定量金相手工测定方法"模块，单击"参数设置"，设置网格数及物相标识，一般网格线越多测量结果越准确。参数设置完毕后会生成一个网格，如图 2-7 所示；然后单击"格点"栏下拉箭头选择格点类型，先选择物相格点，在图中用鼠标单击落在物相里的网格交叉点，图中显示实心圆点，同样的方法标记边界格点显示空心圆圈，全部格点标记完成后单击"生成报告"，按设定的检测模板生成检测报告，如图 2-8 所示。

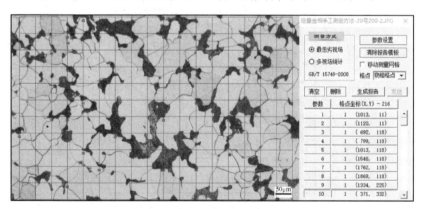

图 2-7 定量金相手工测定功能对话框

② 晶粒度评级。单击"打开"将处理好的图像导入工作区，以工业纯铁金相显微图像为例。选择"平均晶粒度评级（人工截点法）"功能（本模块依据国家标准 GB/T 6394—2017《金属平均晶粒度测定方法》），出现如图 2-9 所示对话框，单击"参数设置"选择测量线模式和条数，在晶界与标线的交点上单击鼠标左键确定一个截点，依顺序把截点都标记上，单击"生成报告"，最终的晶粒度评级如图 2-10 所示。

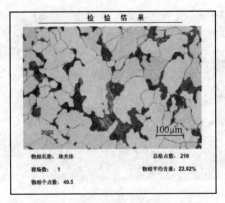

图 2-8　定量金相手工测定检验结果

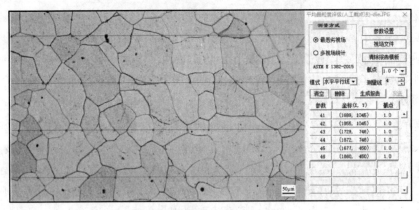

图 2-9　晶粒度评级功能对话框

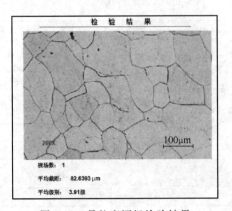

图 2-10　晶粒度评级检验结果

③ 渗碳层深度的测定。渗碳层深度测定方法为硬度法，但金相法作为一种近似的简易方法也具有广泛的应用，本软件可以通过金相法测定渗层深度。单击菜单栏中的"打开"按钮导入需要进行测量的图像，以 20 渗碳钢为例。单击 长度 按钮，选择"长度测量（半自动）"功能，弹出对话框如图 2-11 所示；以边界处为开始位置单击左键，并按住左键沿 X 方向一直拖动到亚共析钢过渡区位置并单击右键，系统将线段长度标注在图像上，可以标注 3~5 条长度后取平均值。

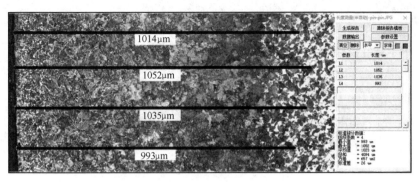

图 2-11 长度测量（半自动）功能对话框

三、实验设备及材料

（1）实验仪器设备 倒置金相显微镜及其图像采集系统、打印机。

（2）实验材料 工业纯铁、20 退火钢、20 渗碳钢等金相试样若干。

（3）实验耗材 金相砂纸、抛光布、抛光膏、4% 硝酸乙醇溶液、2B 铅笔、圆规、橡皮、直尺等。

四、实验内容及步骤

1）实验前预习所做实验内容，并写预习报告，了解实验原理及内容。

2）将制备好的金相试样进行拍照、处理、保存。

3）使用"相面积含量测定"功能模块测定材料中不同相的含量，并生成报告。

4）使用"晶粒度评级"功能模块测定钢铁材料的晶粒度大小，并生成报告。

5）使用"长度测量（半自动）"功能模块完成材料渗层深度等相关长度的测定。

五、实验报告内容

1. 实验名称

2. 实验目的

3. 实验原理

1）智能金相显微镜组成及优点。

2）OLYCIA m3 图像分析系统功能简介。

4. 实验设备及材料

5. 实验内容及步骤

6. 实验数据及结果讨论

打印出所拍摄组织照片，注明组织构成，说明图像采集及处理方法。

7. 思考题

与传统显微摄影技术相比，采用数字成像技术的智能金相显微镜在使用中有何优势？

实验三 宏观组织缺陷观察

一、实验目的

1. 了解常见宏观分析方法并掌握硫印法。
2. 观察典型宏观组织缺陷并掌握其形成原因。
3. 了解典型宏观断口形貌特征。

二、实验原理

宏观分析，又称低倍检验，它是指在肉眼或放大镜（20 倍以下）观察条件下检验金属材料及其制品的宏观组织和缺陷的方法。这些缺陷主要体现在化学成分或组织上的不均匀性，一般会显著降低材料的性能，主要来源于冶炼、轧制等各种不同的加工过程。与显微分析相比，宏观分析的检测范围更加广泛，所需要的技术装备比较简单，能够直观和快速地反映出材料及其制品的整体质量。虽然现代材料分析测试技术发展得很快，但生产实践表明，尤其对于大型铸、锻件，宏观分析在钢铁产品的质量检验以及失效分析等方面都具有重要意义。

常见宏观分析方法包括酸蚀检验、硫印检验、断口检验等。其中，酸蚀检验可以显示钢表面的裂纹、偏析、夹杂等缺陷，硫印检验可以分析钢中硫化物的偏析情况，断口检验可以鉴别检验钢材质量或者失效分析过程中的断口宏观形貌特征。

1. 酸蚀检验

酸蚀检验主要用于观察钢铁材料中的偏析、疏松、夹杂、裂纹等缺陷。按照腐蚀条件的不同，酸蚀检验分为热酸腐蚀法、冷酸腐蚀法以及电解腐蚀法，其执行的国家标准为 GB/T 226—2015《钢的低倍组织及缺陷酸蚀检验法》。

热酸腐蚀法是将试样置于热酸中浸蚀一定时间，然后进行检查。与冷酸腐蚀法相比，热酸腐蚀法具有浸蚀速度快、对比度好等优点，但浸蚀后的试样表面可能出现黑点、暗斑、条痕、微孔等痕迹。热酸蚀的腐蚀程度原则上以消除试样的金属光泽并清楚显示宏观组织和缺陷为准，如果腐蚀程度过深，则需将检验面重新加工掉 2mm 以上再进行腐蚀。

冷酸腐蚀法包括常规冷酸蚀法和枝晶腐蚀法。在室温下对检验面进行擦蚀或浸蚀，主要适用于不能切割的大型工件或者表面不能破坏的零件。采用冷酸腐蚀法腐蚀后的对比度一般要低于热酸蚀。

电解腐蚀法是在交流电或直流电的作用下对试样进行腐蚀。其特点是无需加热，浓度较低的腐蚀液即可满足要求，浸蚀速度快，检验面清晰，酸的挥发性和空气污染小，工作环境得到改善，适用于企业中工件的批量检验。

酸蚀检验对试样的加工与制备也有特定要求。试样截取的部位、数量和状态等应按相关标准、技术条件和协议的规定执行，应在缺陷严重的部位取样。取样可采用热锯、冷锯、火焰切割等方法，但在后续加工过程中应去除取样时所产生的变形和热影响区；试样表面也不应存在油污或其他加工痕迹等影响宏观组织缺陷显示的情况。关于试样尺寸规格等其他具体要求详见 GB/T 226—2015，表 3-1 给出了 GB/T 226—2015 推荐的部分腐蚀液成分及腐蚀条件。

表 3-1　推荐的部分腐蚀液成分及腐蚀条件（GB/T 226—2015）

类别	腐蚀液成分	浸蚀时间/min	浸蚀温度/℃	适用范围
热酸蚀法	盐酸水溶液 1：1（体积比）	5~30	70~80	碳素结构钢、碳素工具钢、弹簧钢、马氏体型不锈钢等
		15~30		合金结构钢、合金工具钢、轴承钢、高速工具钢
冷酸蚀法	盐酸 500mL，硫酸 35mL，硫酸铜 150g	—	—	钢与合金
	10%~40%（体积比）硝酸水溶液	—	—	碳素结构钢、合金钢

腐蚀后的试样如需保存一定时间，可使用 10%氨水酒精溶液（体积分数）浸泡后，再用热水冲刷洗净吹干。碳素结构钢、合金结构钢等可以参照 GB/T 1979—2001《结构钢低倍组织缺陷评级图》对缺陷的严重程度进行评级。

2. 铸锭宏观组织

很多低倍缺陷的形成都与铸锭、连铸坯等钢铁材料的凝固过程有关，这些缺陷都会对金属制品的组织和使用性能产生重要影响，因此首先要了解铸锭的宏观组织特征。

一般铸锭的宏观组织可以分为三个晶区：即表层细晶区、中间柱状晶区和心部等轴晶区。表层细晶区是由金属液直接接触模壁激冷而形成；表层细晶区的一些晶粒将迎着散热方向通过晶粒长大的方式来继续结晶，最终形成平行的柱状晶；随着结晶的进行，铸锭心部温度和成分等达到了形核条件，结晶出了等轴状晶。各个晶区的形态和分布如图 3-1 所示。

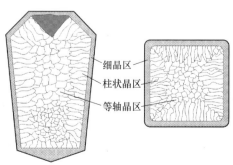

图 3-1　铸锭宏观组织示意图

　　从性能上说，柱状晶区性能表现为各向异性，柱状晶纵向性能优于垂直方向的性能，但不同方向的柱状晶交界处为脆弱面，热加工时易开裂；等轴晶区性能无方向性，可能存在较多的显微疏松，但经压力加工后一般影响不大；而表层细晶区厚度很薄，一般无实用价值。

　　铸锭的凝固会受到结晶条件的显著影响，如铸模的冷却能力、浇注条件、合金熔化温度等，因此在晶粒尺寸和形态取向、合金元素和杂质分布、铸造缺陷的数量和严重程度等方面会存在很大差异。图 3-2 所示为不同结晶条件下铝锭宏观组织的横截面照片。

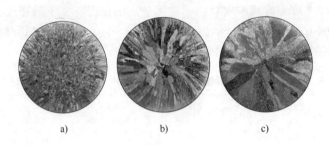

a)　　　　　　　　b)　　　　　　　　c)

图 3-2　不同结晶条件下铝锭的宏观组织

a) 700℃浇注，5mm 铁模　b) 700℃浇注，15mm 铁模　c) 900℃浇注，15mm 铁模

　　图 3-2a 为采用 700℃浇注温度及 5mm 铁模冷却的铝锭凝固组织，组织中表层有一定深度的柱状晶，中心大部分为等轴晶；而使用厚铁模后，加大了冷却速度，有利于柱状晶区的发展，心部还含有少量等轴晶（图 3-2b）；铁模厚度不变而提高浇注温度后，柱状晶发达，中心等轴晶形成困难（图 3-2c）。

3. 典型宏观缺陷

　　为了控制钢材的冶金质量，铸锭开坯后，需要对加工前的钢坯进行低倍组织检验，并对其缺陷进行评级；另外，加工后的钢材中也会存在一些宏观缺陷，下面对这些典型缺陷进行简要介绍。

　　铸锭中的缩孔可分为集中缩孔与分散缩孔，其中大且集中的缩孔称为集中缩孔，小而分散的缩孔称为疏松或分散缩孔。缩孔的形成主要与液态金属结晶为固态时发生的体积收缩有关，先结晶部分的体积收缩可以由周围尚未结晶的液态金属补充，而最后结晶的部分则得不到补充，导致凝固后的组织中存在着一定数量的收缩孔洞。

　　（1）集中缩孔　其一般分布在铸锭的头、中部，比较严重时如果切除不净就可能对后续的加工和使用过程造成危害，比如可能导致板材、带材的分层，甚至出现断裂事故。图 3-3 为集中缩孔缺陷的横截面照片，图 3-4 为 9Cr 钢轧辊浇注中形成的二次缩孔，在锻造过程中转变为裂纹。

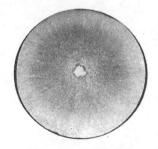

图 3-3　集中缩孔缺陷　　　　　　　　图 3-4　二次缩孔裂纹（热酸蚀）

（2）疏松　其多发生在树枝状晶体比较发达的部分，枝晶间相互交叉可能部分截断了液态金属间的相互联系，凝固收缩后得不到补充则形成了细小的分散缩孔；同时枝晶间最后凝固的部分也会富集杂质和低熔点的合金元素等，进一步降低了铸锭的致密度。根据出现位置的不同，疏松一般可以分为中心疏松和一般疏松。轻微疏松对钢的力学性能影响不大，可通过压力加工进行改善，严重疏松不允许存在，这会显著影响钢的力学性能和使用寿命。图 3-5 为 CrMnMoVR 合金结构钢坯较严重的中心疏松，而图 3-6 为 40CrNiMo 钢钢坯中的一般疏松。

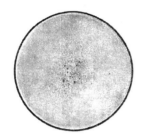

图 3-5　中心疏松（热酸蚀）

图 3-6　一般疏松（热酸蚀）

（3）气泡　气泡也是一种典型的低倍组织缺陷，分为内部气泡和皮下气泡。内部气泡可能有多种来源：液态金属中因溶解度降低而析出气体、化学反应形成气体、浇注过程中卷入了一定量的空气等。内部气泡一般内壁较光滑，有时伴有非金属夹杂物，这些气泡在压力加工时一般都可以焊合。图 3-7 为沸腾钢钢锭底部的内部气泡特征，气泡分布不良，将影响压力加工过程。

在铸锭表面附近的气泡称为皮下气泡，通常是由于型壁生锈或涂料中存在较多的水分与注入型内的液态金属作用而形成气泡。一般呈现为垂直于表面或辐射状的细裂纹，可能由于表皮破裂而被氧化，因而在压力加工时不能焊合，也有的呈圆形、椭圆形暗色斑点。图 3-8 为 20 钢钢坯表面的皮下气泡，部分已暴露于表皮形成裂缝，内部还存在一般疏松的缺陷。

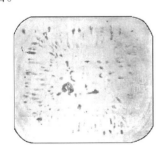

图 3-7　沸腾钢钢锭底部的内部气泡（未侵蚀）

图 3-8　20 钢钢坯表面的皮下气泡（热酸蚀）

（4）偏析　其是在非平衡凝固条件下合金组织中存在的化学成分不均匀的现象。比如先凝固的部分通常会集中高熔点的组元，后凝固的部分为低熔点组元及一些杂质等。偏析可分为宏观偏析（区域偏析）和显微偏析。在宏观偏析中，锭形偏析是常见的一种具备明显特征的偏析缺陷，其形成原因是：富集在固液界面处的夹杂物和杂质等随着钢锭的凝固逐渐向心部移动，随着温度降低，当心部剩余液态金属同时开始凝固时，这些夹杂物和杂质就停留下来形成锭形偏析，图 3-9 为 30CrMnSi 钢经热酸蚀后显示出的锭形偏析特征（方形偏析带），图 3-10 为一重轨在热酸蚀后的锭形偏析特征。

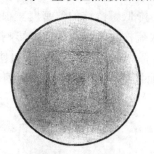

图 3-9　30CrMnSi 钢的
锭形偏析（热酸蚀）

图 3-10　一重轨的
锭形偏析（热酸蚀）

（5）白点　在某些经热加工后的结构钢或工具钢中存在的缺陷，在其纵向断口上会出现一些表面光滑、银白色的斑点，其形状接近圆形或椭圆形，而在横向断面上，则呈细小的、断续的发丝状裂纹，分布上一般呈放射状或不规则分布。一般认为，白点是由钢中的氢随着溶解度降低而析出导致的，其产生的内应力叠加钢冷却时的热应力而超过材料的强度时，将在钢材内部产生细裂纹，破坏了组织的连续性，这种钢材一般不能使用。图 3-11 和图 3-12 分别为 GCr15 钢横向截面的发丝状裂纹以及 5CrMnMo 钢纵向断口上的白点特征。

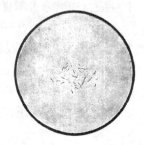

图 3-11　GCr15 钢白点（横向截面，热酸蚀）

图 3-12　5CrMnMo 钢白点（纵向断口）

（6）热加工纤维组织　又称为热加工流线，是一种特殊的宏观组织缺陷，是枝晶偏析和非金属夹杂物等在热加工过程中随金属晶体一起变形延伸的结果，一般对变形后工件的纵向截面进行腐蚀后可观察到沿金属流动方向分布的纤维状条带。热加工流线的存在使材料出现了性能上的各向异性，即平行于流线方向的纵向力学性能要优于横向的力学性能。因此，合理分布的完整流线可以提高工件的性能和寿命。对于受力方面，应使流线与工件工作时所受最大拉应力的方向平行，而与外加的剪切应力或冲击力的方向垂直。图 3-13 为 50 钢锻造后进行了切削加工的工件，腐蚀后显示出了流线的形态，图 3-13a 中的流线局部被切断，完整性被破坏，降低了力学性能，而图 3-13b 中的流线形态则保持完整。

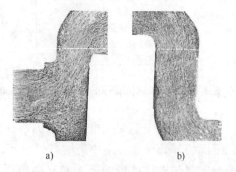

a)　　　　　　　　　b)

图 3-13　热加工流线
a）流线局部被切断
b）完整流线（10%过硫酸铵水溶液侵蚀）

4. 宏观断口特征

宏观断口特征可用于判断工件的失效原因，也可以发现钢铁材料的一些冶金和热加工缺陷，具体可参照 GB/T 1814—1979《钢材断口检验法》等标准和规范进行评定，这里主要介绍一些典型的断口特征。

（1）纤维状断口（韧性断口）　在低倍下断口呈纤维状，颜色一般呈暗灰色，断口内部或边缘能观察到明显的塑性变形痕迹，说明金属材料的塑性较好，断裂前能够产生较大的塑性变形。典型的是光滑棒状拉伸试样所获得的杯锥状断口，图 3-14 为 45 钢拉伸试样的断口，断口中呈现出了纤维区、放射区和剪切唇区的特征。

（2）瓷状断口　其比较致密，呈亮灰色，类似瓷器破碎后的断口形貌，断口较平，没有明显的塑性变形特征，表明材料的塑性较差，但强度较高。一般经淬火或淬火低温回火的合金工具钢、轴承钢等强度、硬度较高的钢材中会出现这种断口。图 3-15 为热处理后的 30CrMnSiA 钢的三点弯曲试样断口形貌（局部），可见断口较平整、致密，塑性变形痕迹很少。

图 3-14　45 钢拉伸试样的纤维状断口

图 3-15　30CrMnSiA 钢的瓷状断口

（3）萘状断口　其为一种不允许存在的脆性穿晶断裂的粗晶断口。一般是高速工具钢过热淬火后未经中间退火或退火不良而进行重复淬火时出现的，有时在锻造不良的情况下也会产生。观察萘状断口时，如果用掠射光照射，由于晶粒粗大，各晶面反光能力不同，因而显示出类似结晶萘一般的光泽。图 3-16 为萘状断口的形貌特征。

（4）木纹状断口　一般认为木纹状断口是由钢中的偏析和大量非金属夹杂物在热加工方向延伸的结果，常出现于钢锭尾部的偏析区。比较轻微时呈现出凹凸不平、层次起伏的条带，条带中常伴有白亮（或暗条）线条，严重时可以表现为朽木状。出现木纹状断口的材料的横向塑性、韧性受影响较大，纵向性能变化不明显。图 3-17 为 18CrNiW 钢的木纹状断口。

图 3-16　萘状断口

图 3-17　18CrNiW 钢的木纹状断口
（上图轻微，下图严重）

（5）石状断口　其为钢在严重过热或过烧的情况下出现的一种沿晶断裂粗晶断口，也是一种不允许存在的断口。断口一般呈浅蓝色，表面分布着一些无金属光泽的碎石状颗粒。这些碎石状颗粒即相当于高温加热时的奥氏体晶粒尺寸。有人认为石状断口的出现与钢中的硫化锰在冷却时沿晶界析出有关。图 3-18 为 18CrNiW 钢的石状断口形貌。

（6）疲劳断口　其包括疲劳源区、裂纹扩展区、瞬时断裂区三部分。疲劳源区裂纹扩展缓慢，比较光滑平整，而在裂纹扩展区一般会出现疲劳弧线这种宏观塑性变形痕迹，而瞬时断裂区的形貌与静载荷下的断裂过程基本一致。图 3-19 为 45 钢机轴的疲劳断口，裂纹源位于两侧，且中间瞬断区面积较大。

图 3-18　18CrNiW 钢的石状断口　　　　　　图 3-19　45 钢机轴的疲劳断口

5. 硫印法

硫印法是对钢中的硫元素进行定性分析的检验方法，而其定量检验可以通过化学分析或光谱分析等方法实现。

硫印法现行的国家标准为 GB/T 4236—2016《钢的硫印检验方法》，其原理如下：

由于钢中硫元素常以 MnS 或 FeS 的形式存在，硫印时，硫化物与相纸上的硫酸接触后，通过下列反应生成 H_2S 气体：

$$FeS(MnS)+2H_2SO_4 \rightarrow FeSO_4(MnSO_4)+2H_2S \uparrow$$

生成的 H_2S 又与相纸上的 AgBr 发生化学反应：

$$H_2S+2AgBr \rightarrow 2HBr+Ag_2S \downarrow$$

生成的 Ag_2S 沉淀即是相纸上细小的棕褐色斑点，根据沉淀物的分布即可对硫元素/硫化物的分布情况做出判断。硫印过程的具体步骤包括：

1）将相纸浸入 3%~5% 的硫酸水溶液中 5min 左右并确保浸泡均匀，实验过程中相纸应尽量避免强光照射。

2）检验面用砂纸磨平后依次用清水、无水乙醇冲洗干净并吹干，取出已浸泡好的相纸，并将试样检验面与相纸均匀接触并压紧，取出相纸时也可用脱脂棉等擦去多余的酸液，以避免试样在相纸上滑动。

3）3~5min 的反应后揭下相纸并用清水彻底冲洗，然后放入商用定影液或 15%~20% 的硫代硫酸钠水溶液中定影 10~20min，相纸取出后彻底冲洗并在上光机上烘干。定影过程中应避免手部等接触硫印图像。

4）需重复试验时，需将原检验面重新加工去除 0.5mm 以上。

图 3-20 为 45 钢曲轴的横截面硫印图像，结果表明，整个截面上硫化物的数量比较多，且存在严重的斑点状偏析。图 3-21 为工字钢横截面的硫印图像，硫化物形成了细密的沉淀物斑点，数量较多，但未出现明显偏析。

图 3-20　45 钢曲轴横截面的硫印结果

图 3-21　工字钢横截面的硫印结果

三、实验设备及材料

（1）实验所用仪器设备　上光机、体视显微镜、吹风机。

（2）实验材料

1）宏观组织缺陷试样。铝锭凝固组织、缩孔、疏松、白点、流线、皮下气泡、纤维状断口、瓷状断口、木纹状断口、疲劳断口等。

2）工字钢试样若干。

（3）实验耗材及工具　砂纸、相纸、镊子、放大镜、铅笔、剪刀、无水乙醇、脱脂棉、定影液、3%~5%稀硫酸溶液。

四、实验内容及步骤

1）教师指导学生利用放大镜、体视显微镜观察宏观样品：不同浇注条件下铝锭的宏观组织、钢中常见的低倍缺陷及断口试样。

2）教师指导学生制备一张工字钢横截面的硫印相片。

五、实验安全风险预估

关键实验步骤	主要危险源	风险分析	控制和防护措施	突发情况处理
硫印过程	稀硫酸溶液	具有一定腐蚀性	要求穿实验服/防护服佩戴一次性耐酸碱手套或用镊子夹取相纸	接触皮肤或入眼应立即用实验室的喷淋器或洗眼器用大量流动清水冲洗
	工字钢与稀硫酸反应产生微量硫化氢气体	硫化氢为剧毒和可燃性气体	注意打开门窗通风或在通风橱中进行试验可佩戴活性炭口罩	—
	稀硫酸及定影液废液	—	废液应集中回收并送至废液站统一处理	—

六、实验报告内容

1. 实验名称

2. 实验目的

3. 实验原理

1）钢的宏观分析方法。

2）铸锭的宏观组织特征。

3）宏观组织缺陷及断口特征。

4）硫印法原理及操作流程。

4. 实验设备及材料

5. 实验内容及步骤

6. 实验数据与结果

1）画出所观察宏观组织缺陷、典型断口的示意图，并注明缺陷特征。

2）根据硫印照片分析工字钢试样的硫元素分布情况。

7. 思考题（任选一题）

1）任选一种宏观组织缺陷，说明消除或减轻该缺陷的措施。

2）酸蚀法也可以检验钢中的偏析情况，其与硫印法相比有何区别？

3）根据自身体会，哪些操作可能会影响硫印试验结果？

实验四　铁碳合金平衡组织

一、实验目的

1. 了解铁碳合金平衡凝固过程及组织形成条件。
2. 观察和识别铁碳合金在平衡状态下的显微组织特征。
3. 掌握铁碳合金平衡组织随含碳量的变化规律。

二、实验原理

铁碳合金相图一般包括亚稳定的 Fe-Fe₃C 和稳定的 Fe-C 两个体系，通常情况下指亚稳定体系相图，如图 4-1 所示。通过铁碳相图可直观看出平衡冷却过程中组织变化与碳质量分数、温度之间的相互关系，为确定加工工艺参数提供重要依据。

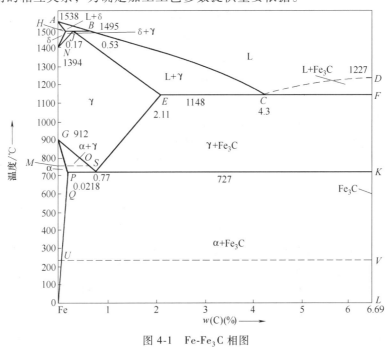

图 4-1　Fe-Fe₃C 相图

　　铁碳合金平衡状态的组织是指合金加热后在极为缓慢的冷却条件下（退火状态）得到的组织。从铁碳相图可知，铁碳合金在室温的平衡组织有铁素体（F）、珠光体（P）、渗碳体（Fe_3C）和变态莱氏体（L'd）等，其中铁素体（F）及渗碳体（Fe_3C）既是组织又是基本相，所有的组织都是这两个基本相按不同数量、形态和分布组成的。对于 Fe-Fe_3C 相图中所有合金的室温平衡组织都可以在显微镜下进行观察，室温以上转变过程中的组织变化可以通过虚拟仿真或者动态转变视频进行了解。

　　铁碳相图按碳含量不同，分为工业纯铁、碳钢和白口铸铁三部分，在金相显微镜下可观察的几种基本组织如下：

　　（1）铁素体（F）　铁素体（F）是碳溶于 α-Fe 中的间隙固溶体，碳质量分数为 0.0008%～0.0218%，为体心立方晶格。铁素体具有良好的塑性，强度和硬度较低，在 770℃ 以下具有磁性。用 3%～4% 硝酸乙醇溶液浸蚀后，工业纯铁中，铁素体在显微镜下呈现明亮色的多边形等轴晶粒；亚共析钢中，按铁碳合金成分和形成条件不同，随着含碳量的增加，铁素体量逐渐减少，形状由白亮块状逐渐转变为不连续网状分布，直至发生共析转变，形貌变为珠光体中的白亮层片状。

　　（2）渗碳体（Fe_3C）　渗碳体（Fe_3C）是铁与碳形成的间隙化合物，其碳质量分数为 6.69%，具有复杂正交结构，硬度高、强度低、脆性大，伸长率接近 0，是钢铁中的强化相，但也是亚稳相，高温下长时间保温可分解为铁和石墨。按铁碳合金成分和形成条件不同，渗碳体呈现不同的形态，以 3%～4% 硝酸乙醇腐蚀，在白口铸铁中，一次渗碳体 Fe_3C_I（初生相）呈粗大的白色长直条状；过共析钢中，二次渗碳体 Fe_3C_{II}（次生相）呈网状沿奥氏体晶界分布；工业纯铁中，三次渗碳体 Fe_3C_{III} 沿铁素体晶界析出，数量少而呈网状薄层；球化退火后，渗碳体呈颗粒状。

　　二次渗碳体和成分接近共析点的亚共析钢中的铁素体用 3%～4% 硝酸乙醇溶液浸蚀后都呈白色网状，形貌极为相似，使用显微镜观察时难以区分。这种情形在制样腐蚀阶段，可以使用不同的腐蚀剂辨识，渗碳体在碱性苦味酸钠溶液（2g 苦味酸，25g 氢氧化钠，100mL 水煮沸浸蚀 8～15min）热蚀后，呈黑色，而铁素体没有这个特性。另外，由于渗碳体硬度很高，所以在金相磨面中是突起的，也可从硬度方面去区分。

　　（3）珠光体（P）　珠光体（P）是奥氏体共析转变的产物，由铁素体与渗碳体交替排列形成的不规则指纹状组织，磨制、抛光和腐蚀（4% 的硝酸乙醇溶液）后，表面呈现出一种珠母贝内表面那种珍珠光泽的色彩，故称为珠光体。不同处理条件下可观察到两种不同的组织形态，即片状珠光体和粒状珠光体。力学性能介于铁素体与渗碳体之间，强度较高，硬度适中，塑性和韧性较好。

　　（4）变态莱氏体（L'd）　碳质量分数为 4.3% 的液态共晶白口铸铁在 1148℃ 下发生共晶反应形成的共晶产物为莱氏体（Ld），其由奥氏体（A）和渗碳体（Fe_3C）混合组成。莱氏体中的奥氏体在继续冷却时会析出二次渗碳体（Fe_3C_{II}），在 727℃ 发生共析转变生成珠光体，所以在室温下共晶白口铸铁的组织是由珠光体和共晶渗碳体、二次渗碳体组成的机械混合物，称为变态莱氏体，形貌为白色的渗碳体上分布着不规律的黑色斑点状珠光体。莱氏体硬度高，脆性大，塑性很差。

　　工业纯铁、碳钢及白口铸铁的显微组织构成参见表 4-1。

表 4-1　各种铁碳合金在室温下的显微组织构成

类型		含碳量 $w(C)(\%)$	显微组织	浸蚀剂
工业纯铁		≤0.0218	铁素体	4%硝酸乙醇溶液
碳钢	亚共析钢	0.0218~0.77	铁素体+珠光体	4%硝酸乙醇溶液
	共析钢	0.77	珠光体	4%硝酸乙醇溶液
	过共析钢	0.77~2.11	珠光体+二次渗碳体（白亮网） 珠光体+二次渗碳体（黑色细网）	4%硝酸乙醇溶液 碱性苦味酸钠溶液热蚀
白口铸铁	亚共晶白口铸铁	2.11~4.3	珠光体+二次渗碳体+变态莱氏体	4%硝酸乙醇溶液
	共晶白口铸铁	4.3	变态莱氏体	4%硝酸乙醇溶液
	过共晶白口铸铁	4.3~6.69	一次渗碳体+变态莱氏体	4%硝酸乙醇溶液

（一）工业纯铁（$w(C)$≤0.0218%）

　　工业纯铁显微组织由铁素体（F）和少量三次渗碳体（Fe_3C_{III}）组成，以 $w(C)=$ 0.01%的合金为例分析其自奥氏体开始的冷却转变过程，显微组织转变如图 4-2a 所示。当

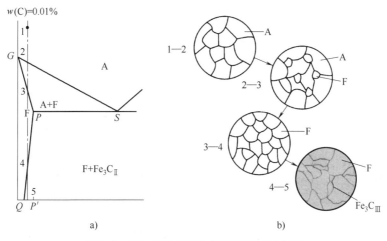

a)　　　　　　　　　　　　　b)

图 4-2　工业纯铁平衡冷却组织转变示意图

奥氏体冷却到点 2，铁素体沿奥氏体晶界生成，此时合金由奥氏体和铁素体组成；至点 3，奥氏体晶内开始转变生成铁素体，至点 4 结束，此时合金全部为铁素体 F；再继续冷却至室温点 5，在铁素体的晶界生成微量三次渗碳体。图 4-2b 组织图中，1—2、2—3、3—4 为组织转变示意图，4—5 为室温组织光学金相照片。工业纯铁显微组织如图 4-3 所示，其中亮白色基体是铁素体的不规则等轴晶粒，黑色线条是铁素体的晶界，三次渗碳体呈亮白色，为不连续网状，一般在铁素体晶界处生成，最高质量分数约为 0.3%，可忽略不计。

热处理方法：退火

腐蚀剂：4%硝酸乙醇溶液

显微组织：铁素体+Fe_3C_{III}

放大倍数：200×

图 4-3　工业纯铁的平衡组织

（二）碳钢

按照碳质量分数的不同，碳钢分为亚共析钢、共析钢和过共析钢。

1. 亚共析钢 （0.0218%<w（C）<0.77%）

亚共析钢组织是由铁素体（F）和珠光体（P）组成，以 w（C）= 0.4%的合金为例分析其自奥氏体开始的冷却转变过程，显微组织转变如图 4-4a 所示，当奥氏体冷却到点 2，铁素体开始生成，至点 3 结束，此时组织组成物为奥氏体和铁素体；继续冷却，剩余奥氏体的碳质量分数增加，727℃时，发生共析转变生成珠光体 P，生成的珠光体和铁素体一直保持到室温（点4）。图 4-4b 组织中，1—2、2—3、3—3′为组织转变示意图，3′—4 为室温组织光学金相照片。

对于亚共析钢，碳质量分数的变化将影响铁素体和珠光体的相对数量，碳质量分数增加，铁素体组织数量逐渐减少，其形状也由块状逐渐变成不连续网状分布在珠光体周围，至共析成分时铁素体数量接近于零；珠光体组织则随碳质量分数的增加逐渐增多，至共析成分时全部为珠光体组织。亚共析钢的显微组织如图 4-5、图 4-6 和图 4-7 所示，其中亮白色为铁素体，暗黑色为珠光体，可以看出其组织随着碳质量分数增加的变化规律。

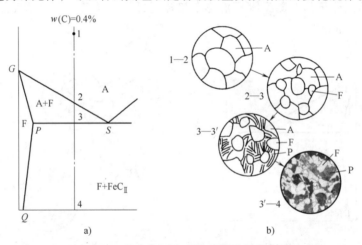

图 4-4 亚共析钢平衡冷却组织转变示意图

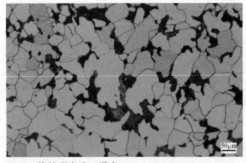

热处理方法：退火

腐蚀剂：4%硝酸乙醇溶液

显微组织：铁素体+珠光体（黑色块状）

放大倍数：200×

图 4-5 20 钢 w（C）= 0.2%的显微组织

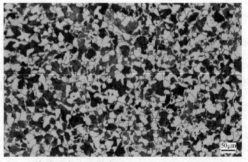

热处理方法：退火

腐蚀剂：4%硝酸乙醇溶液

显微组织：铁素体+珠光体（黑色块状）

放大倍数：200×

图 4-6 45 钢 w（C）= 0.45%的显微组织

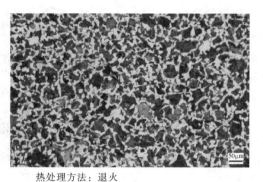

热处理方法：退火

腐蚀剂：4%硝酸乙醇溶液

显微组织：铁素体（断续白色网）+珠光体

放大倍数：200×

图 4-7　60 钢 $w(C) = 0.6\%$ 的显微组织

2. 共析钢（$w(C) = 0.77\%$）

碳质量分数为 0.77% 的钢为共析钢，共析钢的显微组织为珠光体（P），其冷却自奥氏体开始组织转变过程如图 4-8a 所示。当奥氏体冷却至点 2，即 727℃ 时，发生共析转变，奥氏体全部转变为珠光体，图 4-8b 组织中，1—2、2—2′ 为组织转变示意图，2′—3 为室温组织光学金相照片。共析钢的显微组织如图 4-9 所示，形貌呈指纹状，是由铁素体和渗碳体交替排列形成的片层状结构，其中亮白条是铁素体，黑色细夹条之间是渗碳体。放大倍数低或片层过薄时，一般分辨不清珠光体片层结构，而呈暗黑色块状物。

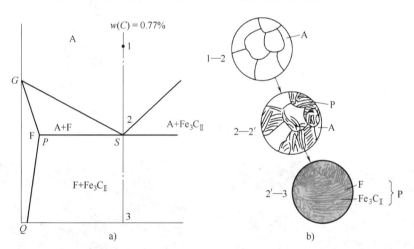

图 4-8　共析钢平衡冷却组织转变示意图

3. 过共析钢（$0.77\% < w(C) < 2.11\%$）

过共析钢的显微组织由珠光体（P）和二次渗碳体（Fe_3C_{II}）组成，现以 $w(C) = 1.2\%$ 的合金为例分析其自奥氏体开始的冷却转变过程，显微组织转变如图 4-10a 所示。奥氏体冷却到点 2 时开始生成二次渗碳体（Fe_3C_{II}），此时的组织组成物为奥氏体和二次渗碳体，剩余的奥氏体中的含碳量减少，至点 3（727℃）时，发生共析转变，生成珠光体，生成的珠光体和二次渗碳体一直保持到室温。图 4-10b 组织中，1—2、2—3、3—3′ 为组织转变示意图，3′—4 为室温组织光学金相照片。

过共析钢中的二次渗碳体呈网状，沿原奥氏体晶界析出，其数量随着钢中碳质量分数的增加而增加。经 4% 硝酸乙醇溶液腐蚀后，显微镜下珠光体呈片层结构，而二次渗碳体呈白色细网状，如图 4-11 所示。从 T12 和 60 钢的显微组织图看出，用 4% 硝酸乙醇溶液腐蚀后渗碳体和铁素体都是白亮的，且都呈网状分布，为了更好地区分这两种组织，可用前面提到的更换腐蚀剂的方法，在碱性苦味酸钠溶液中热蚀，如果是渗碳体则呈黑色，如图 4-12 所示，而铁素体没有这个特性。

热处理方法：退火
腐蚀剂：4% 硝酸乙醇溶液
显微组织：珠光体
放大倍数：400×

图 4-9　共析钢 $w(C) = 0.8\%$ 的显微组织

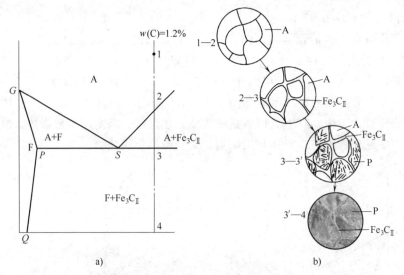

a)

b)

图 4-10　过共析钢平衡冷却组织转变示意图

热处理方法：退火
腐蚀剂：4% 硝酸乙醇腐蚀
显微组织：珠光体＋二次渗碳体（白亮网）
放大倍数：200×

图 4-11　T12 钢 $w(C) = 1.2\%$ 的显微组织（一）

热处理方法：退火
腐蚀剂：碱性苦味酸钠溶液热蚀
显微组织：珠光体＋二次渗碳体（黑色细网）
放大倍数：400×

图 4-12　T12 钢 $w(C) = 1.2\%$ 的显微组织（二）

（三）白口铸铁

1. 共晶白口铸铁（$w(C)=4.3\%$）

碳质量分数为4.3%的白口铸铁为共晶白口铸铁，其室温组织为变态莱氏体（L'd）。碳质量分数为4.3%的共晶白口铸铁冷却到1148℃时发生共晶转变，形成奥氏体和渗碳体的机械混合物称莱氏体。随着温度继续下降，沿奥氏体晶粒边界析出二次渗碳体（与莱氏体中的渗碳体依附在一起，在显微镜下分辨不出），而奥氏体中的碳质量分数将沿 ES 线逐渐减少，冷却到727℃时，莱氏体中的奥氏体发生共析转变生成珠光体，渗碳体不发生变化，因此其室温组织由珠光体、共晶渗碳体和少量二次渗碳体组成，称为变态莱氏体（L'd）或低温莱氏体。经4%硝酸乙醇溶液腐蚀，在显微镜下观察形貌为白色的渗碳体上分布着不规律的黑色斑点状珠光体，如图4-13所示。

2. 亚共晶白口铸铁（$2.11\%<w(C)<4.3\%$）

亚共晶白口铸铁的室温组织由珠光体（P）和变态莱氏体（L'd）组成，凝固过程中先从液相中结晶出树枝状初生奥氏体，继续冷却，剩余液相碳质量分数增加，在1148℃发生共晶转变，生成莱氏体。初生奥氏体冷却到共析转变温度时生成珠光体，其形貌保持奥氏体的树枝状。莱氏体的随后转变和共晶白口铸铁一样，转变生成由共晶渗碳体、珠光体、少量二次渗碳体混合一起的变态莱氏体（L'd），因此亚共晶白口铸铁室温的显微组织由变态莱氏体与珠光体组成。在亚共晶白口铸铁中莱氏体的相对量将随碳质量分数的增加而逐渐增多，其组织如图4-14所示，用4%硝酸乙醇溶液腐蚀，由初生奥氏体转变而来的珠光体（黑色枝晶状）和变态莱氏体（白色的渗碳体上分布着不规律的黑色斑点状珠光体）组成。

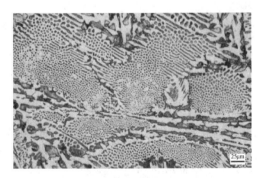

热处理方法：铸造状态

腐蚀剂：4%硝酸乙醇溶液

显微组织：变态莱氏体

（白亮渗碳体基体和黑色斑点状珠光体混合）

放大倍数：400×

图4-13　共晶白口铸铁显微组织

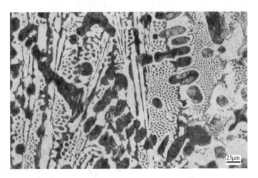

热处理方法：铸造状态

腐蚀剂：4%硝酸乙醇溶液

显微组织：珠光体（黑色枝晶状）+变态莱氏体

放大倍数：400×

图4-14　亚共晶白口铸铁显微组织

3. 过共晶白口铸铁（$w(C)>4.3\%$）

过共晶白口铸铁在室温下的组织由一次渗碳体（Fe_3C_I）和变态莱氏体（L'd）组成。其转变过程类似亚共晶白口铸铁，只不过首先从液相中结晶出的是一次渗碳体，剩余液相碳质量分数沿着 DC 线变化，在1148℃时发生共晶转变生成莱氏体，随后冷却转变过程和共晶白口铸铁一样，转变生成由共晶渗碳体、珠光体、少量二次渗碳体混合一起的变态莱氏体（L'd）。其组织如图4-15所示，用4%硝酸乙醇溶液腐蚀，由一次渗碳体（亮白色条片状）和变态莱氏体组成。

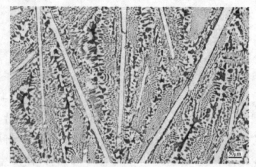

热处理方法：铸造状态
腐蚀剂：4%硝酸乙醇溶液
显微组织：一次渗碳体（亮白色条片状）+变态莱氏体
放大倍数：200×

图 4-15　过共晶白口铸铁显微组织

铁碳合金的两个基本相中，铁素体硬度低，塑性好，而渗碳体硬而脆。以铁素体为基体的铁碳合金中，Fe_3C 一般起强化作用，它的数量越多、越细小，分布越均匀，则钢的强度越高，当碳质量分数在 0.8% 左右时，钢强度达到最高值。当碳的质量分数超过 0.9% 时，这种又硬又脆的 Fe_3C 相在珠光体（P）晶界形成网状，这样的材料易产生裂纹，特别是以基体形式存在时，会使钢的强度降低，材料的塑性和韧性也会大大下降，如高碳钢和白口铸铁脆性高，就是这个原因。

三、实验设备及材料

（1）实验仪器设备　倒置（正置）式金相显微镜、倒置（正置）智能光学显微镜。

（2）实验材料　工业纯铁、20 钢、45 钢、60 钢、T8 钢、T12 钢、亚共晶白口铸铁、共晶白口铸铁、过共晶白口铸铁等样品。

（3）实验耗材　金相砂纸、抛光布、抛光膏、4%硝酸乙醇溶液、2B 铅笔、圆规、橡皮、直尺等。

四、实验内容及步骤

1）实验前学生预习所做实验内容，并写预习报告，初步了解所做实验的方法及步骤。

2）使用光学显微镜全面观察各种铁碳合金显微组织，主要观察各种样品组织组成物和组织形貌特征（依据理论上对铁碳相图的理解，着重观察样品组织的变化规律）。

3）画出不同碳质量分数的碳钢或者白口铸铁的显微组织示意图。示意图大小：50mm×40mm 长方形或者 φ40mm 圆形，示意图中注明组织构成，示意图图示说明包括材料名称、处理状态、腐蚀剂、放大倍数等。

4）分析随着碳质量分数的变化，铁碳合金组织组成物和形貌变化规律。

五、实验报告内容

1. 实验名称

2. 实验目的

3. 实验原理

1）简述碳钢和白口铸铁的基本组织。

2）不同成分铁碳合金的凝固过程及室温平衡组织特征。

4. 实验设备及材料

5. 实验内容及步骤

6. 实验数据及结果讨论（要求附原始数据）

1）在 50mm×40mm 长方形或 ϕ40mm 的圆内画出所观察的显微组织示意图，示意图中注明组织构成，并在示意图下注明材料名称、热处理状态、组织、放大倍数和腐蚀剂。

2）根据所观察的显微组织，说明碳质量分数对铁碳合金组织及形貌的影响规律。

7. 思考题（任选一题）

1）铁碳合金中渗碳体有几种不同的存在形式？在室温平衡组织中如何区分与辨别？

2）如何用金相方法区别形貌相似的铁素体和二次渗碳体。

实验五 二、三元合金显微组织观察

一、实验目的

1. 熟悉常见二、三元合金相图及凝固过程。
2. 掌握典型二、三元合金的平衡组织特征。

二、实验原理

相图是描述平衡条件下合金成分、组织构成与温度之间对应关系的图解。它可以研究合金从液相到室温缓慢冷却时的凝固过程，分析其在不同温度下存在哪些组成相，以及组成相的类型、成分和含量。因此，对金属材料的组织性能进行研究时，相图是十分重要的理论依据和分析工具。

由两个组元组成的合金称为二元合金，由三个组元组成的合金称为三元合金。采用适当的实验测定和理论计算方法即可得到相应的二元合金相图和三元合金相图（投影图、截面图）。这里仅介绍部分典型二元匀晶、共晶和包晶及三元共晶系合金的凝固过程和组织特征。

（一）二元合金

几乎所有的二元合金相图都含有匀晶转变部分。匀晶相图中，两组元在液态和固态下均是无限互溶的，而在结晶过程中，将在一定温度范围内从液相中结晶出单相固溶体。常见的合金系有 Cu-Ni、Ag-Au、Fe-Ni 等。图 5-1 为 Cu-Ni 二元合金的匀晶相图，以 $w(\text{Ni}) = 20\%$ 的合金为例，冷却至 1 点温度时，液相 L 中开始结晶出 α 固溶体相，至 2 点温度时，液相消失，组织全部由 α 固溶体相构成。图 5-2a 为 80%Cu-20%Ni 合金的铸态组织，在非平衡凝固的条件下得到的是存在成分偏析的枝晶组织，退火处理后得到均匀的 α 固溶体组织，如图 5-2b 所示。

二组元在液态无限互溶，在固态仅有限互溶并能发生共晶转变的二元相图，称为二元共晶相图。典型的二元共晶合金有 Pb-Sn、Pb-Sb、Al-Si、Ag-Cu 等，我们熟悉的 Fe-Fe₃C 相图中也包含共晶转变部分。图 5-3 为 Pb-Sn 二元合金共晶相图，相图中存在 α、β 和 L 三个单相区，在三个单相区之间包含三个两相区，即 L+α、L+β 和 α+β；另外，*ced* 为三相共存水平线，对应合金的共晶转变过程。

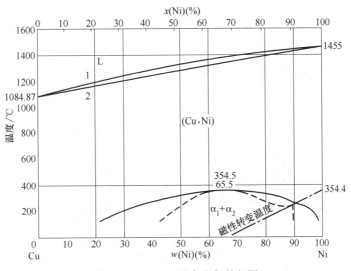

图 5-1　Cu-Ni 二元合金匀晶相图

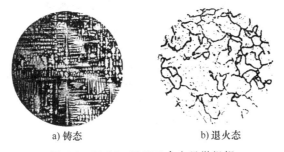

a) 铸态　　　　　　　b) 退火态

图 5-2　80%Cu-20%Ni 合金显微组织

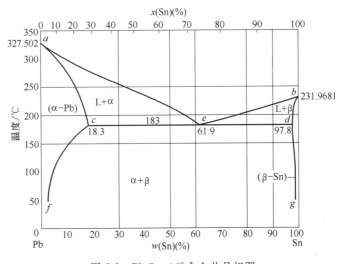

图 5-3　Pb-Sn 二元合金共晶相图

当具有 e 点成分（38.1%Pb，61.9%Sn，质量分数）的液态合金缓慢冷却至 ced 线对应温度时将发生共晶转变，即由液相 L 中结晶出两个固溶体相：

$$L_e \longrightarrow \alpha_c + \beta_d$$

这一过程在 *ced* 线温度下一直进行到液相完全消失。所得的共晶组织由 α_c 和 β_d 两个固溶体组成。继续冷却时，由于溶解度下降，α_c 和 β_d 两个固溶体相的成分分别沿 *cf* 和 *dg* 线变化，因此会分别析出次生 β_{II} 相和 α_{II} 相，由于这些次生相常与共晶体中的同类相混在一起，在显微镜下往往很难分辨。对于 Pb-Sn 共晶合金，结晶后将获得非常细密的两相机械混合物，如图 5-4 所示。其中，呈放射状或颗粒状的为 α-Pb 相，浅色基体的为 β-Sn 相。

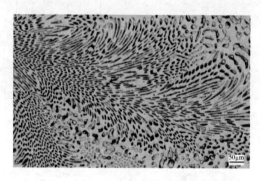

材料：38.1%Pb-61.9%Sn

处理方法：铸态

腐蚀剂：4%硝酸乙醇溶液

显微组织：（Pb+Sn）$_{共晶}$

放大倍数：200×

图 5-4　Pb-Sn 二元合金共晶显微组织

Pb-Sb 二元合金共晶相图与 Pb-Sn 相图比较相似，如图 5-5 所示，其共晶点成分为 $w(\mathrm{Sb}) = 11.1\%$，共晶温度为 251.7℃。图 5-6 中给出了过共晶成分 70%Pb-30%Sb（质量分数）合金的铸态显微组织，组织中白色多边形状的为初晶 Sb，其间为条棒状的（Pb+Sb）共晶组织。

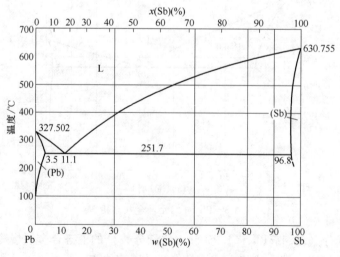

图 5-5　Pb-Sb 二元合金共晶相图

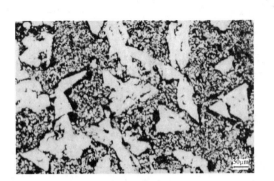

材料：70%Pb-30%Sb

处理方法：铸态

腐蚀剂：4%硝酸乙醇溶液

显微组织：Sb$_{初晶}$+（Pb+Sb）$_{共晶}$

放大倍数：200×

图 5-6　Pb-Sb 二元合金铸态显微组织

Al-Si 合金是航空工业中应用最广的铸造铝合金，其共晶点成分为 $w(Si)=12.6\%$，共晶温度为 577℃，如图 5-7 所示。图 5-8 为过共晶成分 Al-Si 合金的铸态显微组织，合金未经变质处理，组织为由针状 Si 晶体+α 固溶体基体构成的共晶组织，另外还含有少量深灰色的块状初晶 Si。

随着合金成分的变化，共晶组织的形态也是多种多样的，有层片状、条棒状、球状、针片状和螺旋状等。一般认为共晶组织的形态主要与其组成相的本质特征有关：如金属-金属型共晶组织一般为层片状或棒状，金属-非金属型共晶组织形态比较复杂，主要为树枝状、针片状或骨骼状等。另外，初晶相的形态也存在差异，如果初晶相是固溶体，多呈树枝状；如果初晶相是半金属和非金属（如 Sb、Bi、Si 等），则一般具有比较规则的几何形状。

在二元合金相图中，另一个比较常见的类型是包晶相图，两组元在液态无限互溶，而在固态下有限互溶并发生包晶转变。在铁碳相图中高温 δ 相与液相反应得到奥氏体的过程即为包晶转变。此处以 Sb-Sn 二元合金相图为例来说明，如图 5-9 所示。

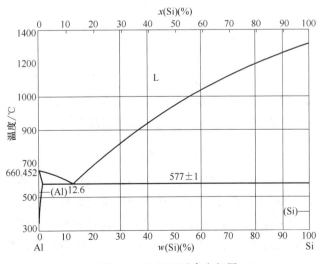

图 5-7　Al-Si 二元合金相图

材料：Al-Si 过共晶合金

处理方法：铸态

腐蚀剂：未腐蚀

显微组织：$Si_{初晶}$+（Al+Si）$_{共晶}$

放大倍数：400×

图 5-8　Al-Si 二元合金铸态显微组织

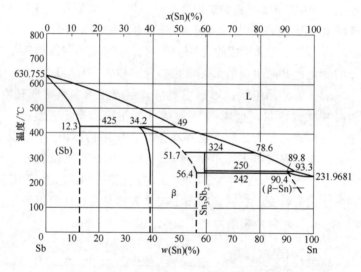

图 5-9　Sb-Sn 二元合金相图

Sb-Sn 二元合金相图中存在两个包晶转变过程，对应化学成分为 $w(Sn)=34.2\%$ 和 $w(Sn)=89.8\%$，转变温度分别为 425℃ 和 250℃。以 80%Sn-20%Sb（质量分数）的合金为例，其凝固时首先从液相中析出 Sn_3Sb_2 相，剩余液相在 250℃ 发生以下包晶转变：

$$L+Sn_3Sb_2 \rightarrow \beta(Sn)$$

包晶转变后得到与 $\beta(Sn)$ 固溶体的混合组织，随后不稳定的 Sn_3Sb_2 相在 242℃ 转变为 $\beta(Sn)$+SnSb；随着温度下降，Sb 在 $\beta(Sn)$ 固溶体中溶解度降低，由 $\beta(Sn)$ 固溶体中继续析出 SnSb 化合物。图 5-10 为 80%Sn-20%Sb 铸态合金的显微组织，其中白色多边形状为 SnSb 相，周围黑色组织为包晶转变得到的 $\beta(Sn)$ 固溶体，其中的白色颗粒/条棒主要应为 $\beta(Sn)$ 固溶体中脱溶析出的 $SnSb_{II}$ 相。

材料：80%Sn-20%Sb 合金

处理方法：铸态

腐蚀剂：4%硝酸乙醇溶液

显微组织：SnSb块状+β（Sn）+SnSbⅡ

放大倍数：200×

图 5-10 Sb-Sn 二元合金铸态显微组织

（二）三元合金

工业生产中所用的金属材料往往含有多种合金元素，在分析其成分与组织性能时需要以多元相图为理论依据；但多元相图的测定比较困难，其中相对较容易的是三元相图，不过目前也只测定出了很少的一部分，更多的是给出了某些截面图和投影图，可以分析多元合金在不同温度下的相变过程，从而理解合金成分与组织的对应关系。

Pb-Sn-Bi 合金是比较有特点的三元合金，其组元在液态完全互溶，而在固态下则几乎完全不互溶，且不形成化合物。在图 5-11 的 Pb-Sn-Bi 三元合金投影图中，三角形的三个顶点分别代表纯组元 Pb、Sn 和 Bi，E 点为四相平衡的三元共晶

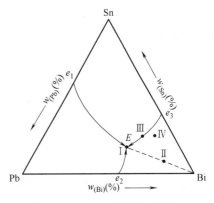

图 5-11 Pb-Sn-Bi 三元合金投影图

点，e_1E、e_2E、e_3E 为二元共晶线的投影。下面选取投影图中四个典型的成分来具体分析。

1. 合金Ⅰ（E 点），32%Pb+17%Sn+51%Bi

该液态合金冷却到 96℃ 时，直接发生四相平衡共晶反应，其组织为三元共晶体，即（Bi+Sn+Pb）三元共晶。如图 5-12 所示，在显微镜下观察，这种三元共晶体组织细密，其形态是在白亮的不规则块状 Bi 相周围分布着暗色的 Sn 相和 Pb 相，由于组织细小，二者经硝酸乙醇腐蚀后不易区分，但 Pb 相颜色深些。

2. 合金Ⅱ（BiE 线上），15%Pb+5%Sn+80%Bi

该液态合金凝固时，首先结晶出初生晶体 Bi，继续降温，液相成分达到四相共晶点 E，发生共晶转变，结晶出三元共晶体（Bi+Sn+Pb）三元共晶。合金Ⅱ的显微组织为 Bi初晶+（Bi+Sn+Pb）三元共晶，其中初晶体 Bi 呈白亮色且具有较规则的几何形状，三元共晶体的组织细节较为清晰，其中黑色球状、颗粒状或层片状为 Pb 相，白色颗粒为 Bi 相，灰色基体为 Sn 相，如图 5-13 所示。

材料：32%Pb+17%Sn+51%Bi

处理方法：铸态

腐蚀剂：4%硝酸乙醇溶液

显微组织：(Bi+Sn+Pb)三元共晶

放大倍数：200×

图 5-12　32%Pb+17%Sn+51%Bi 合金显微组织

材料：15%Pb+5%Sn+80%Bi

处理方法：铸态

腐蚀剂：4%硝酸乙醇溶液

显微组织：Bi初晶+(Bi+Sn+Pb)三元共晶

放大倍数：200×

图 5-13　15%Pb+5%Sn+80%Bi 合金显微组织

3. 合金Ⅲ（e_3E 线上），**16%Pb+26%Sn+58%Bi**

该液态合金凝固时，开始就结晶出两相共晶体（Bi+Sn）共晶，继续降温，液相成分沿 e_3E 线变化，而合金成分点也在三相平衡共晶反应面上，故也将结晶出三元共晶体（Bi+Sn+Pb）三元共晶，合金Ⅲ的平衡组织为（Bi+Sn）二元共晶+（Bi+Sn+Pb）三元共晶。在显微镜下观察时，二元共晶组织与三元共晶组织相比呈粗大方块状，其以亮色的 Bi 为基体，基体上分布着暗色的不规则的小条状 Sn；二元共晶体之间分布的为三元共晶体，其中白色为 Bi 相，黑色为 Pb 相，灰色为 Sn 相，如图 5-14 所示。

4. 合金Ⅳ（$BiEe_3$ 区内），**10%Pb+25%Sn+65%Bi**

该液态合金凝固时，首先结晶出初晶 Bi 晶体，然后降温将发生二元共晶转变和三元共晶转变，最后平衡组织为 Bi初晶+（Bi+Sn）二元共晶+（Bi+Sn+Pb）三元共晶，如图 5-15 所示。其中初晶 Bi 为白亮的小块相，（Bi+Sn）共晶仍为粗大方块状且内含条状 Sn，其间为（Bi+Sn+Pb）三元共晶，白色颗粒为 Bi 相，灰色为 Sn 相，黑色为 Pb 相。

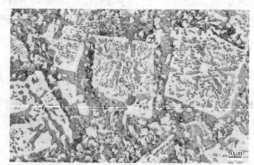

材料：16%Pb+26%Sn+58%Bi

处理方法：铸态

腐蚀剂：4%硝酸乙醇溶液

显微组织：(Bi+Sn)二元共晶+(Bi+Sn+Pb)三元共晶

放大倍数：200×

图 5-14　16%Pb+26%Sn+58%Bi 合金显微组织

材料：10%Pb+25%Sn+65%Bi

处理方法：铸态

腐蚀剂：4%硝酸乙醇溶液

显微组织：Bi初晶+(Bi+Sn)二元共晶+(Bi+Sn+Pb)三元共晶

放大倍数：200×

图 5-15　10%Pb+25%Sn+65%Bi 合金显微组织

三、实验设备及材料

（1）实验仪器设备　倒置（正置）式金相显微镜。
（2）实验材料　二元、三元合金金相试样 10 套。

四、实验内容及步骤

1）熟悉本实验所要观察的合金系相图。
2）观察二元、三元系合金的组织特征，绘出示意图，注明各组织组成物。

五、实验报告内容

1. 实验名称

2. 实验目的

3. 实验原理

1）二元合金相图及典型组织特征。
2）三元合金相图及典型组织特征。

4. 实验设备及材料

5. 实验内容及步骤

6. 实验数据与结果

画出观察到的组织示意图，并说明材料名称、成分、浸蚀剂、放大倍数及显微组织。

7. 思考题（任选一题）

1）试分析说明不同合金的初生晶体、共晶体具备不同组织形态的原因是什么。
2）分析任一观察合金的平衡凝固过程。

实验六　硬度测试实验

一、实验目的

1. 了解布氏硬度与洛氏硬度测试的基本原理及应用范围。
2. 掌握使用布氏硬度计与洛氏硬度计测试硬度的方法。
3. 研究碳质量分数对退火碳钢硬度的影响。

二、实验原理

　　金属硬度是金属材料表面在接触应力作用下，抵抗局部塑性变形的一种能力，硬度越大则表明金属抵抗塑性变形的能力越强。硬度试验方法可分为弹性回跳法（如肖氏硬度）、压入法（如布氏硬度、洛氏硬度、维氏硬度）、划痕法（如莫氏硬度）。硬度的物理意义随实验方法的不同而不同，比如划痕法表征材料切断强度，弹性回跳法表征弹性变形功的大小，压入法表征塑性变形抗力及应变硬化能力。硬度与其他力学性能（如强度、塑性等）也存在一定的内在联系，因此往往将硬度值作为材料的一项基本力学性能指标。

　　压入法是应用比较广泛的硬度测试方法，是用一坚硬而不发生永久变形的物体压入金属表面，通过测量形成压痕的形态特征参数来表征金属抵抗局部塑性变形的能力。如布氏硬度、洛氏硬度、维氏硬度、显微硬度。压入法硬度试验的主要特点有：

　　1）试验后工件不被破坏或破坏较小，可用于成品件硬度的检验。

　　2）适用范围广，无论是塑性材料还是脆性材料都能选择合适的方法进行试验。

　　3）敏感地反映出材料的化学成分和组织结构的差异，金属硬度与强度指标之间存在如下近似关系：

$$R_m = k \cdot \mathrm{HBW}$$

式中，R_m 为材料的抗拉强度值；HBW 为布氏硬度值；k 为系数，不同的材料和不同的热处理状态下其 k 值不同，退火状态的碳钢 $k = 0.34 \sim 0.36$，调质状态的合金钢为 $k = 0.33 \sim 0.35$，有色金属 $k = 0.33 \sim 0.53$。

　　4）设备简单，操作迅速方便，有些方法可以在生产现场实施。

　　布氏及洛氏硬度试验一般参照国家标准实施，现行的国家标准 GB/T 231.1—2018《金属材料　布氏硬度试验　第 1 部分：试验方法》及 GB/T 230.1—2018《金属材料　洛氏硬度试验　第 1 部分：试验方法》，于 2019 年 2 月 1 日起实施，可供实践中参考。

（一）布氏硬度

1. 布氏硬度试验的基本原理

布氏硬度试验是用一定直径的硬质合金球压入被测金属上（图 6-1），在规定的负荷下
持续一定时间，然后除去负荷，用读数显微镜或测量显微镜测量压头压在试件上而产生的压痕直径，然后计算出压痕单位面积所承受平均压力（N/mm²）即为布氏硬度值，用 HBW 表示。布氏硬度计在工业生产中，尤其是在冶金及机械制造工业中得到广泛应用，可测定铸铁、有色金属、未经淬火钢及质地较软的材料与轴承合金等的布氏硬度值。测量范围可以达到 8~650HBW，特别适用于测量灰铸铁、轴承合金等具有粗大晶粒或组成相的金属材料的硬度。布氏硬度试验的优点是压痕面积大，能反映材料较大范围内的组织性能情况，而不受个别组成相或者微小的不均匀性的影响；缺点是试验参数

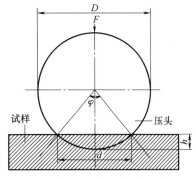

图 6-1　布氏硬度试验原理示意图

的选择较为麻烦，自动检测受限制，当压痕较大时，也不适用于成品检测。

布氏硬度值的表示方法是在 HBW 符号前书写硬度值，后面依次是压头直径/试验力/保持时间（10~15s 可省略）。如 450HBW1/30/30，表示在 294.2N（30kgf）负荷条件下使用直径 1mm 的硬质合金压头保持 30s 测定的布氏硬度值是 450。

布氏硬度计算公式：

$$HBW = 0.102 \times \frac{2F}{\pi D\left(D - \sqrt{D^2 - d^2}\right)}$$

式中，D 为压头直径（mm）；d 为压痕平均直径（mm）；F 为压头施加于试样上的试验力（N，$1N = 0.102kgf$）；HBW 为布氏硬度值（N/mm²）。

由公式可以看出，在 F 和 D 一定时，布氏硬度值的高低取决于压痕直径 d，d 越大，表明金属的变形抗力越低，HBW 值越小，反之硬度 HBW 值越大。实际实验时，可用测量出的压痕平均直径 d 直接查表（附录 A）得到 HBW 值。

由于金属材料有硬有软、有厚有薄，如果都采用同一个 F 和 D 值进行检测，对于极软
的金属就不适合，会发生压头陷入金属中的现象，对于薄工件会出现压透现象，所以在测定不同材料的布氏硬度值时就要求有不同的载荷 F 和压头直径 D。同时，在硬度检测中，当试验力与压头直径任意变换时，直径的变化与压痕面积的变化在球冠接近球径处为非线性关系的，对于硬度差异较大的材料，压头压入深浅不同，其应力状况也是复杂的。所以，在布氏硬度试验中，也不能任意选择压头和试验力，必须遵守一定的规则，这就提出了相似原理问题。相似原理是指在均质材料中，只要压入角 φ（即从压头圆心压痕两端的连线之间的夹角）不变，则不论压痕大小，金属的平均抗力相等。如图 6-2 所示，两个不同直径 D_1 和 D_2 的球体，分别

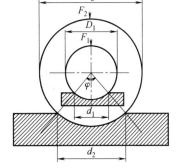

图 6-2　布氏硬度试验
相似原理示意图

在不同的试验力 F_1 和 F_2 作用下压入试样表面，只有在压入角保持不变的条件下，才能使测定的硬度值相同。F 与 D 之间必须保持一定的制约关系。

这在布氏硬度计算公式中也可体现，由图 6-1 可知：

$$\sin \frac{\varphi}{2} = \frac{d}{D}$$

因此可以导出：

$$HBW = 0.102 \times \frac{2F}{\pi D^2 \left(1 - \sqrt{1 - \left(\frac{d}{D}\right)^2}\right)} = 0.102 \times \frac{2F}{\pi D^2 \left(1 - \sqrt{1 - \sin^2 \frac{\varphi}{2}}\right)}$$

另外，大量实验数据表明：

$$0.102 F / D^2 = A\left(\frac{d}{D}\right)^n = A \sin^n \frac{\varphi}{2}$$

式中，A 为与材料有关的常数。

因此，只要使 $0.102 F / D^2$ 为一常数，对于同种材料，就可以使压入角 φ 保持不变，不管试样厚度如何，硬度值不变；对于不同材料测得的硬度值也可以进行比较。

生产上常用 $0.102 F / D^2$ 值为 30、10、2.5，压头直径为 $D = 10mm$、$5mm$、$2.5mm$。

为了得到准确的试验结果，除应满足 $0.102 F / D^2$ 为常数这一选配原则外，还应通过 $0.102 F / D^2$ 的选择将压痕直径 d 限定在 $0.24D \sim 0.60D$，与此对应的压入角为 $29° < \varphi < 60°$，这是为了保证对软硬不同的材料有适当的压入深度，否则试验结果无效。

根据上述要求，不同材料、不同厚度的金属，测定布氏硬度的试验条件可参考表 6-1。

表 6-1　布氏硬度试验参数

材料种类	硬度值范围 HBW	试样厚度 /mm	试验力与压头直径的关系	压头直径 D/mm	试验力 F/N	试验力持续时间/s
黑色金属（钢、铁）	140～650	>6	$0.102F = 30D^2$	10	29420	12
		6～3		5	7355	
		<3		2.5	1839	
	<140	>6	$0.102F = 10D^2$	10	9807	12
		6～3		5	2452	
		<3		2.5	612.9	
铜、镁及其合金	31.8～140	>6	$0.102F = 10D^2$	10	9807	30
		6～3		5	2452	
		<3		2.5	612.9	
铝及其合金、轴承合金	8～35	>6	$0.102F = 2.5D^2$	10	2452	60
		6～3		5	612.9	
		<3		2.5	153.2	

2. 布氏硬度计的构造

布氏硬度计的外观结构如图 6-3 所示。其主要部件及作用如下：

（1）机体与工作台　硬度计为铸铁机体，在机体前台面上安装了丝杠座，其中装有丝杠，丝杠上装有立柱和工作台，可上下移动。

（2）杠杆机构　杠杆系统通过电动机可将载荷自动加在试样上。

（3）压轴部分　用以保证工作时试样与压头中心对准。

（4）减速器部分　带动曲柄及曲柄连杆，在电动机转动及反转时，将载荷加到压轴上或从压轴上卸除。

（5）换向开关系统　控制电动机回转方向的装置，使加、卸载荷自动进行。

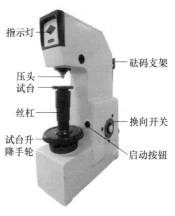

图 6-3　布氏硬度计外观结构图

3. 操作方法

1）按表 6-1 选择压头直径、试验力及试验力持续时间。

2）将试件放在载物台上，顺时针转动手轮，上升载物台使压头和试样紧密接触，直至再继续上升载物台出现相对滑动。

3）按动"启动"按钮，启动电动机，使全部负荷加在试样上。

4）载荷持续时间由自动控制机构来完成。

5）载荷卸除后，逆时针转动升降手轮使载物台下降，把试样取下，用测量显微镜测量出压痕的直径，从附录 A 中查出布氏硬度值。对于配备了自动测量系统的硬度计则按其方法计算直径。

4. 注意事项

为了保证数据结果准确可靠，避免设备损坏或故障，需要定期使用标准硬度块对硬度计进行校正，试验中应合理选用试验条件并掌握正确的操作方法，除此之外，还必须注意下列问题：

1）试样表面制成光滑平面，以便压痕边缘清晰，确保能准确地测量压痕直径。制备试样时不应使试样表面因受热或加工硬化而改变其硬度。

2）压头表面以及载物台表面应清洁，无外来污物。试样应稳定地安置于载物台上，在试验过程中，不发生滑动。

3）试验时，必须保证所施作用力与试样的试验平面垂直。试验过程中加载荷平衡均匀，不应受到冲击和振动。

4）压痕中心距试样边缘的距离不小于 2.5 倍压头直径，两相邻压痕中心的距离不应小于 3 倍压痕平均直径。

5）试样厚度应不小于压痕深度的 8 倍，若得到的试样压痕其边缘及背面发生了变形，则该试验无效，此时应在适当负荷下用较小直径的压头来进行试验。

6）所得压痕直径应为压头直径的 0.24~0.6 倍，否则试验无效。

7）压痕直径应在两个相互垂直的方向上测量，其测量之差别不应超过较小直径的 2%。

（二）洛氏硬度

1. 洛氏硬度试验的基本原理

在布氏硬度试验方法中，由于存在压头本身变形的问题，因而太硬的金属材料不能采用，同时由于压痕较大，布式硬度试验也不适于某些成品检验和薄件检验。洛氏硬度是根据压痕深度作为硬度值的计量方法，载荷小、压痕浅，并且可以用金刚石作为压头，故不存在上述缺点。

洛氏硬度试验法是以一定的负荷将一定形状和尺寸的金刚石圆锥或硬质合金球压入试样表面，并以压入深度的大小来表示硬度值高低。压入深度越大，说明材料对塑性变形的抗力越低，硬度值也越低。洛氏硬度试验的优点是操作简便、迅速、压痕小，应用广泛；缺点是由于压痕小，对材料成分组织不均匀性敏感，有时导致硬度重复性差、分散度大。

其定义为：

$$洛氏硬度 = N - h/S$$

式中，N 为标尺硬度数，HRA/HRC 为 100，HRB 为 130；h 为压痕深度（mm）；S 为标尺单位，0.002mm。

洛氏硬度的表示方法为：洛氏硬度值+洛氏硬度符号+洛氏标尺字母+球形压头的类型。例如 65HRBW，代表用碳化钨合金压头在 B 标尺测得的洛氏硬度值为 65。65HRC 则表示用金刚石锥形压头在 C 标尺下的硬度为 65。

洛氏硬度总共有三种规格的压头（圆锥角 120° 的金刚石圆锥、φ1.588mm 碳化钨合金球、φ3.175mm 碳化钨合金球）以及三种试验力（588.4N、980.7N、1471N），可以组合成 A、B、C、D、E、F、G、H、K 九种标尺，另有 N、T 两种表面洛氏硬度标尺。常用的洛氏硬度分为 HRA，HRB 和 HRC 三级。洛氏硬度的压头、负载及使用范围见表 6-2。洛式硬度计的示值误差及重复性应符合 GB/T 230.2—2012《金属材料 洛式硬度试验 第 2 部分：硬度计及压头的检验与校准》。

表 6-2 洛氏硬度的压头、负载及使用范围

洛氏硬度标尺	压头类型	负荷/N	适用范围	典型应用
HRA	120°金刚石圆锥	588.4	20~95HRA	测量极薄（厚度 0.3~0.5mm）、极硬（HRC>75）的材料
HRB	φ1.588mm 的压头	980.7	10~100HRBW	测量退火钢，有色金属等软而薄的材料
HRC	120°金刚石圆锥	1471	20~70HRC	测量中等硬度的金属材料，如淬火钢、调质钢

测定洛氏硬度时，首先要预加载荷 98.07N（10kgf），其目的是使压头与试样表面接触良好，以保证测量准确。图 6-4a 中，加上 98.07N 预载荷，此时压入深度为 h_0（这时表盘上的指针指零，说明压痕深度是不计入硬度值的）；图 6-4b 为加上主载荷，此时压入深度为 h_1（包括加载所引起的弹性变形和塑性变形），卸载主载荷后，由于弹性变形恢复而提高到图 6-4c 中位置，此时压头的实际压入深度为 h，即主载荷所引起的残余压入深度。若直接以压入深度的大小表示硬度，将会出现硬的金属硬度值小，而软的金属硬度值大的现象。为了与习惯上数值越大硬度越高的概念相一致，采用一个常数 N 减去 h 的差值来表示硬度值。为了方便又规定每 0.002mm 压入深度作为一个硬度单位（即刻度盘上一小格），这样：HRC（或 HRA）= $100 - h/0.002$，（指示盘上用黑色刻度 100 格）；HRB = $130 - h/0.002$，（指示盘上用红色刻度 130 格）。

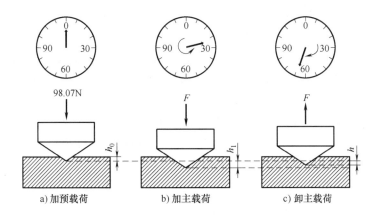

图 6-4　洛氏硬度试验原理图

2. 洛氏硬度计的构造

洛氏硬度计的外形结构如图 6-5 所示，主要由机身、试验力施加机构、测量指示机构及试件支撑机构组成。

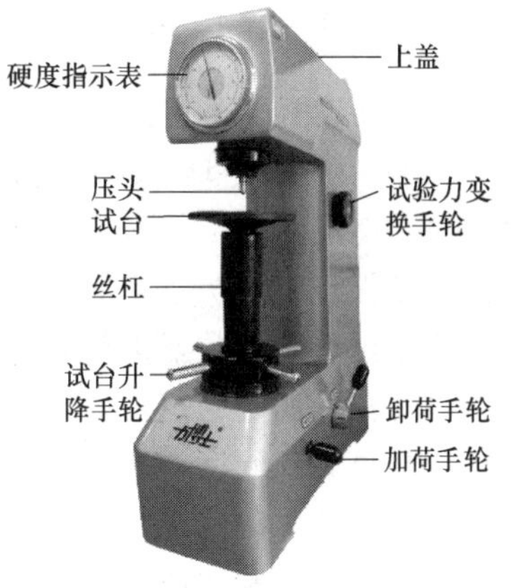

（1）机身　为一封闭的壳体，除工作台、丝杠及操作手轮外，其他机构装配在壳体内。

（2）试验力施加机构　由主轴、杠杆、砝码变换机构、缓冲器、加荷机构及卸荷机构等组成。通过试验力变换手轮变换不同的位置，可得到所需要的三种不同的总试验力。

（3）测量指示机构　由小杠杆、接杆及指示器等组成，当上升试件压头被顶起时，顶杆便顶起小杠杆经接杆带动指示器的指针旋转。

（4）试件支撑机构　由工作台、丝杠和手轮等组成。

图 6-5　洛氏硬度计外形结构图

3. 操作方法

1）根据表 6-2 选择合适的洛氏硬度标尺，从而确定压头和试验力的大小，此时确定手轮处于卸荷状态。

2）加预载荷。顺时针转动手轮，载物台上升，使压头与试样接触，指示表盘上小指针对准红点位置，大指针位于零点附近（允许相差±5 个刻度，若超过 5 个刻度，此点作废）。预加载过程要慢，不能过载。载物台上升时，绝不允许后退。

3）调整表盘使大指针对准零点，加主载荷（拉加力手柄到不动），当指示器上指针逆时针方向上转不动时，推动卸力手柄卸除主载荷。

4）主载荷卸除后大针指示的刻度即为洛氏硬度值（HRC、HRA 读黑色 C 盘刻盘，HRB 读红色 B 盘刻盘）。

5）逆时针旋转手轮，卸除载荷，在试样其他位置继续测试。

6）试验结束后，及时取出试样。

4. 注意事项

1）试样表面必须精细制备使其平坦光滑，不得带有油脂、氧化皮、刀痕、凹坑以及其他外来污物，表面粗糙度值 Ra 不低于 1.6。在加工时试样应避免由于受热或冷加工变形等因素而引起表面硬度变化。

2）试样应与支撑面稳定接触，保证压头轴线和加载方向与试样表面垂直，避免试样位移。

3）试样厚度不应小于最小允许厚度，保证底面不会变形。使用金刚石圆锥压头时试样厚度应大于 10 倍残余压痕深度，使用碳化钨合金球压头时试样厚度应大于 15 倍压痕深度。

4）预载荷和主载荷加载过程中应避免过载，保证硬度计和试样不受到冲击或振动。

5）实验时两相邻压痕中心的距离至少为压痕直径 3 倍，或压痕中心至试件边缘的距离至少为压痕直径 2.5 倍。

6）为了保证试样硬度数据的可靠性，尽量在试样不同部位进行不少于 3 次的试验。

洛氏硬度、布氏硬度和强度值有经验的换算关系，如附录 B 所示，GB/T 1172—1999《黑色金属硬度及强度换算值》提供了部分参考值。但不同硬度测试方法的原理不同，所代表的物理意义也不同，因此这种换算关系并无理论上的内在联系，再考虑到硬度测试过程存在误差，因此换算的结果也必然存在较大误差。不过在大量实验数据基础上建立的硬度之间、硬度与强度之间的经验关系也能够在一定程度上代表材料的力学性能。

（三）数显布式硬度计和数字式洛式硬度计

随着科学技术的进步，现代布氏和洛氏硬度计逐渐呈现自动化、可视化和智能化的特点。图 6-6 为数显布氏硬度计的外观结构，其基本结构与传统布氏硬度计相同。数显布氏硬度计多功能显示屏上能显示硬度值、试验力、保持时间和试验结果数据处理等；可以自主选择测试条件；电动机自动加载卸载试验力，并能对试验力进行自动补偿，确保力值更精准、示值更稳定；配置数显测微目镜和精确的数据计算系统，只需轻轻一点即可直接显示硬度值；具有精度高、稳定性好及操作简便的优点。

同数显布氏硬度计一样，数字式洛氏硬度计加装了数字式操作面板，从而初试验力的施加以及总试验力的施加、保持及卸除等过程均实现了自动化，提高实验精度，消除手动操作引起的误差；实验数值由 LED 屏自动显示，并可进行硬度换算，读数更快捷。其外观结构如图 6-7 所示，主要结构与传统洛氏硬度计基本相同。

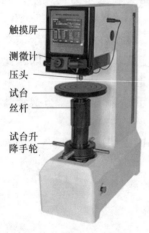

图 6-6　数显布氏硬度计

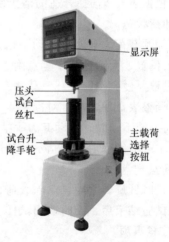

图 6-7　数字式洛氏硬度计

三、实验设备及材料

（1）实验仪器设备　布氏硬度计、洛氏硬度计、数字式洛氏硬度计、数显式测量显微镜。

（2）实验材料　退火状态 10 钢、45 钢、T8 钢、T12 钢四块。

四、实验内容及步骤

1）学生在教师指导下熟悉布氏及洛氏硬度计的构造原理及操作方法。

2）学生使用布氏硬度计测量退火状态 10 钢、45 钢和 T8 钢的硬度，在布氏硬度计上得到压痕后，用测量显微镜测量所得到的压痕直径，并查附录 A 得到布氏硬度值。

3）学生使用洛氏硬度计测量 T12 钢的洛氏硬度值。每个材料至少测量 3 组数据，填入表 6-3 中。

4）关闭布氏硬度计、测量显微镜的电源，确认布氏硬度计和洛氏硬度计均已卸掉载荷并取下试样，整理好所用工具、样品。

表 6-3　实验数据记录表

试验材料	热处理状态	所测布氏硬度压痕直径/mm				布氏硬度　HBW
		1 点	2 点	3 点	平均	
10 钢	退火					
45 钢	退火					
T8 钢	退火					
T12 钢	退火	所测洛氏硬度/HRC				—
		1 点	2 点	3 点	平均	

五、实验报告内容

1. 实验名称

2. 实验目的

3. 实验原理

1）布氏硬度试验原理及操作注意事项。

2）洛氏硬度试验原理及操作注意事项。

4. 实验设备及材料

5. 实验内容及步骤

6. 实验数据与结果（表 6-3）

以 10 钢、45 钢和 T8 钢的碳质量分数为横坐标，其相对应于表 6-3 中的 HBW 硬度值为纵坐标，画出硬度值随碳质量分数的变化曲线。分析在退火条件下，碳质量分数与硬度之间的变化规律，并解释其原因。T12 钢的洛氏硬度值填写在表格中。

7. 思考题（任选一题）

1）如果已知用洛氏硬度计测量某样品的硬度为 60HRC，能否知道此时压头在试样表面的压入深度是多少？说明判断过程（不考虑预加载）。

2）测量硬度时，为什么要对试样进行预加载处理？

3）洛氏硬度计和布氏硬度计使用后分别应注意哪些问题？

4）硬度测试过程中，对被测试样的表面粗糙度值与厚度有一定的要求，那么试样的表面粗糙度值和厚度分别对测量结果有哪些影响？

实验七　金属塑性变形与再结晶

一、实验目的

1. 掌握变形量对金属冷加工后再结晶晶粒大小的影响。
2. 了解金属冷加工变形后显微组织及性能的变化。
3. 了解滑移带、变形孪晶与退火孪晶的特征。

二、实验原理

国民生活中，金属材料制品占有很高的比例，其成形途径各自不同，可以由液态金属浇铸而成，也可以由钢锭加工而成。加工方式包括机械加工和冷热压力加工，材料经过压力加工发生塑性变形，同时获得良好的强度和塑性，是金属材料主要的强化手段。这种方法属于无屑加工，材料利用率高、产量高，实际应用广泛，如轧制、冲压、锻造、挤压等。压力加工的本质是通过外力使材料发生塑性变形，以获得所需材料的尺寸、外形，并对材料的组织及性能进行改善。因此有必要了解金属的塑性变形机制及工艺参数对其组织性能的影响。

（一）金属变形方式与塑性变形特征

1. 金属变形方式

金属受力超过弹性极限后，将产生塑性变形。金属单晶体变形机理指出，单晶体塑性变形的基本方式有滑移和孪生两种。

滑移是晶体塑性变形的主要形式。在切应力作用下，金属晶体的一部分对于另一部分沿一定的晶面发生相对滑移，不改变晶体类型和晶体取向。滑移是沿晶体中原子密度最大的晶面（滑移面）和晶向（滑移方向）发生。一个滑移面和其上的一个滑移方向组成一个滑移系。滑移系表示晶体进行滑移时可能采取的空间取向，一般滑移系越多，材料塑性越好，常见的三种典型晶格的滑移系见表7-1。

孪生是晶体塑性变形的另一种常见方式，是指在切应力作用下，金属晶体的一部分沿一定的晶面（孪生面）和晶向（孪生方向）相对于另一部分发生均匀切变的过程。孪生通常出现于滑移受阻而引起的应力集中区，因此临界切应力要比滑移时大得多，也有着特定的晶面和晶向；孪生变形同样不改变晶体类型，但会改变晶体取向。

表 7-1　三种典型晶格的滑移系

晶格类型	体心立方 bcc	面心立方 fcc	密排六方 hcp
滑移面	(110)	(111)	(0001)
滑移方向	<111>	<110>	<11$\bar{2}$0>
滑移系	6×2	4×3	1×3

实际使用的金属材料，绝大多数都是多晶材料。虽然多晶体塑性变形的基本方式与单晶体相同，但实验发现，通常多晶的塑性变形抗力都比单晶高，尤其对密排六方的金属更明显。其影响因素如下：

（1）晶界对塑性变形的影响　晶粒的晶界处原子排列不规则，晶格畸变严重，位错运动受到阻碍，力学性能上表现为强度、硬度提高；晶粒越细，晶界面积越大，位错运动阻力越大，塑性、韧性越好。所以通过压力加工和热处理细化晶粒，是工业上重要的金属强化手段，即细晶强化。

（2）晶粒取向对塑性变形的影响　由于多晶体一般由许多不同位向的晶粒构成，某些取向合适的晶粒，其分切应力有可能先满足临界切应力条件而产生滑移。多晶体的塑性变形总是逐批滑移，从不均匀变形逐步发展到比较均匀的变形。

2. 塑性变形特征

（1）滑移带　表面抛光的金属试样，经拉伸（或压缩）塑性变形后放在光学显微镜下观察，在抛光的晶体表面上可看到许多互相平行的线条，称为滑移带，在电子显微镜下进一步观察，发现这些滑移带都是由许多密集、更细的线条组成，这种线条就是滑移线。面心立方结构的金属大多是以滑移方式变形的。图 7-1 所示为滑移带示意图和纯铁的滑移线。

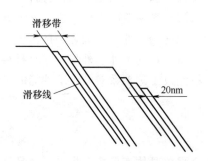

图 7-1　滑移带示意图和纯铁滑移线 200×

（2）孪晶　孪生通常是晶体难以进行滑移时而发生的另一种塑性变形方式。以孪生方式形变的结果将会产生孪晶组织。一般密排六方和体心立方结构的金属易形成变形孪晶，如图 7-2 所示；面心立方结构的金属易形成退火孪晶，如图 7-3 所示。

（二）冷塑性变形对金属组织和性能的影响

1. 显微组织的变化

（1）晶粒形态的变化　金属材料发生变形时，外形和内部组织结构都会发生改变。随着变形量增加，晶粒逐渐沿受力方向伸长。图 7-4 为纯铁在不同变形量下的组织示意图，原始组织为多边形等轴晶粒，如图 7-4a 所示；当变形量比较小时，金属晶粒的轴比略有变化，如图7-4b所示；经过较大的变形后即发现晶粒被拉长，变形程度越大，晶粒被拉长程度越明显，如图7-4c所示；变形量大到一定程度，则加剧了晶粒沿一定方向伸长，晶粒内部被许多滑移带分割成细小的小块，晶粒呈现纤维状的条纹难以分辨，如图7-4d所示。

图7-2　AZ31镁合金变形孪晶 500×

图7-3　纯铜的退火孪晶 500×

a) 变形量0 100×

b) 变形量10% 100×

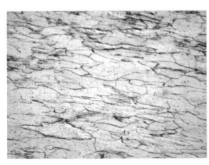

c) 变形量40% 100×

d) 变形量80% 100×

图7-4　纯铁在不同变形量下的组织特征

（2）亚结构的形成　位错在晶界附近不断运动增殖，密度增加，继而聚集、缠结、塞积，使晶粒破碎形成的位错胞为亚晶粒结构。金属组织形态的变化实际上来源于变形过程中晶粒亚结构的变化。

（3）产生织构　多晶体变形时，各晶粒的滑移也将使滑移面转动，由于转动是有一定规律的，因此当塑性变形量不断增加时，多晶体中原本取向随机的各个晶粒会逐渐调整到取向趋于一致，这样就使强烈变形后的多晶体材料形成了择优取向，又称为形变织构，一般有丝织构和板织构。织构造成了各向异性，导致制耳，这种现象会对材料的成形性和使用性造成影响，但有时也可以利用，如制作变压器心。

2. 性能的变化

冷塑性变形之后的金属，其力学性能与之前有很大不同，强度、硬度显著提高，塑性下降，即产生了所谓的加工硬化现象，加工硬化的应用主要是冷拉钢丝及弹簧。除了力学性能的变化，金属材料的理化性能也有所变化，塑性变形后的金属，由于点阵畸变、位错与空位等晶体缺陷的增加，导致电阻率增加（位错密度增加阻碍了电子的运动），电阻温度系数降低，磁滞与矫顽力略有增加而磁导率、热导率下降。此外，由于原子活动能力增大，还会使扩散加速，耐蚀性减弱。

3. 残余内应力出现

变形过程中外力所做的功大部分转化为热能散失了，只有不到 10% 保留在材料内部（即储存能），储存能以三种内应力形式表现出来。

1）第一种残余内应力——宏观内应力。由表层与心部的变形量不同而形成。

2）第二种残余内应力——显微内应力。由晶粒之间或晶粒内部不同区域间的变形量不同而产生。

3）第三种残余内应力——晶格畸变应力。由位错等晶格缺陷在塑性变形过程中的大量增加引起晶格附近的缺陷畸变而产生（占总内应力的大部分）。

第一、第二内应力引起金属宏观变形或开裂；第三内应力使强度增加。三种应力都使脆性上升、物理化学性能下降。

（三） 变形金属在加热后组织和性能的变化

冷加工塑性变形后，金属由于产生加工硬化和残余内应力，造成材料加工困难、物理化学性能下降，需进行退火处理。另外变形金属的组织处于不稳定状态，有力求恢复到稳定状态的趋势，加热则为之创造了条件，促进由不稳定状态恢复到稳定状态过程的进行。

变形金属由低温到高温加热时经历了三个阶段：回复、再结晶和晶粒长大。

1. 回复

冷变形后的金属在较低温度下加热时，金属中的一些点缺陷和位错的迁移而引起的某些晶内变化称为回复。回复后强度和塑性无明显变化，而内应力消除，脆性降低，物理化学性能（耐蚀性、导电性）提高。对那些需要保留产品的加工硬化性能，同时需要消除残余内应力的工件，可以把热处理加热温度选择在使其内部发生回复的温度，这种热处理工艺称为去应力退火。

2. 再结晶和晶粒长大

变形金属加热到某一更高温度时，显微组织发生显著变化，生成新的晶粒，而晶格类型不变，这种现象叫再结晶。再结晶使金属中被拉长的晶粒消失，在晶格畸变严重部位形核并长大，生成新的无应力等轴晶粒，力学性能完全恢复。如果再结晶温度继续升高，就发生积聚再结晶，温度越高，晶粒越大。

（1）再结晶退火温度的选择　　最低再结晶温度与熔点的关系：

$$T_{再} = (0.35 \sim 0.4) T_{熔化}(K)$$

为了消除加工硬化，通常退火温度要比其最低再结晶温度高 100~200℃，但当金属中有杂质存在时，最低的再结晶温度会发生明显变化，一般再结晶温度会升高。

（2）再结晶后晶粒大小与变形量的关系　再结晶后晶粒大小与再结晶加热温度、保温时间、加热速度、变形量以及变形前原始晶粒度等都有关系。

当变形量很小时，由于晶内储存的畸变能不足以再结晶而保持变形前的状态。当达到某一变量时，金属变形极不均匀，再结晶时形核数量很少，再结晶晶粒度也极不均匀，晶粒之间互相吞并长大，我们把能发生再结晶的最小变形量称为临界变形度，通常为 2%～10%。当变形量超过临界变形度时，随着变形量的增加，变形的均匀程度也增加，再结晶退火后晶粒也逐渐细化。当变形量大到一定程度后，由于织构的形成，晶粒再次长大。变形度与再结晶后晶粒大小的关系曲线如图 7-5 所示。99.99% 的纯铝片在再结晶温度为 550℃ 的条件下，变形度与再结晶后晶粒大小的实物图片如图 7-6 所示，可以看出其临界变形度为 5%。在实验过程中，临界变形度和原始材料的纯度以及操作等很多因素有关，会有所偏差，但变化不大。

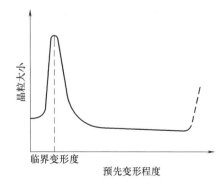

图 7-5　变形度与再结晶后晶粒大小的关系曲线

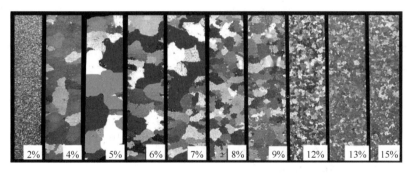

图 7-6　不同变形量的纯铝片 550℃ 再结晶后晶粒大小

除了变形量，其他因素也会影响再结晶过程。一般加热温度越高，保温时间越长，金属晶粒越粗大，加热温度的影响尤为显著。同样的变形度，原始晶粒越细，晶界总面积越大，可供再结晶形核的地方越多，形核率高，再结晶速度快。组织中的杂质原子倾向位于位错和晶界处，对位错的运动、晶界的迁移起着阻碍作用，不利于再结晶形核与长大，减小了晶粒尺寸，因此金属越纯，临界变形度越小。

变形金属再结晶后的晶粒度不仅会影响其强度和塑性，还会显著影响动载下的冲击韧性值。因此在进行冷塑性变形时，应尽量避免在临界变形度下的变形，而采用较大的变形度，以获得细小的晶粒。不同金属有不同的最佳变形度。

三、实验设备及材料

（1）实验仪器设备　万能材料电子拉伸试验机、热处理电炉，通风橱。

（2）实验材料　尺寸 150mm×15mm×1mm、纯度为 99.99% 的铝片若干。

（3）实验耗材　防护服、手套、口罩、护目镜、直尺、记号笔、剪刀、加热盘、热处理钳、木夹、量筒、表面皿、盐酸、硝酸、氢氧化钠等。

四、实验内容及步骤

1. 观察滑移带、变形孪晶特征

2. 铝片的变形度对再结晶的影响

实验选用质量分数为 99.99% 的铝片，主要步骤包括变形、退火、浸蚀和测量晶粒大小。

1）分组领取退火状态的 150mm×15mm×1mm 长方体铝片，并用画线笔、直尺画好 100mm 标距，如图 7-7 所示。

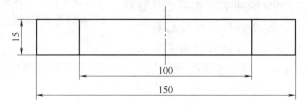

图 7-7　铝片画线示意图

2）分组在拉伸机上拉伸变形，画线的 100mm 区间是有效变形区，变形量分别为 2%、3%、4%、5%、6%、7%、8%、9%、10%……。

3）在铝片两端做好标记，并从中间剪断，分别平放在两个加热盘里。

注意：以上操作过程中不要磕碰铝片以防止其变形！

4）将铝片分别在 550℃ 和 600℃ 电阻炉内加热保温 40min，出炉后空冷至室温。

5）将冷却后的铝片放在 40% 的 NaOH 水溶液中浸蚀 1~2min，当样品表面观察到有均匀气泡升起后水洗。碱蚀阶段的化学反应：

$$Al_2O_3 + 2NaOH \longrightarrow 2NaAlO_2 + H_2O$$

$$2Al + 2NaOH + 2H_2O \longrightarrow 2NaAlO_2 + 3H_2 \uparrow$$

6）将水洗后的铝片放到稀释的王水（H_2O、HCl、HNO_3 混合液比例 1:3:1，体积分数）溶液中浸蚀，当表面出现清晰的晶粒时立即取出用水冲洗并吹干，浸蚀时间以观察到出现明显晶粒为准。

注意：腐蚀过程涉及强酸强碱，一定要穿好防护服，戴好手套、口罩及护目镜，遵守实验秩序。

7）晶粒大小测量。用记号笔在铝片中画出 10mm×10mm 的方框，数出方框（$100mm^2$）铝片内的晶粒数 n 并计算晶粒大小 a，记录在表 7-2 中相应位置。

数晶粒时，完整晶粒个数为 n_1，1/2 晶粒个数为 n_2，1/3 晶粒个数为 n_3，……，总的晶粒数为：

$$n = n_1 + \frac{n_2}{2} + \frac{n_3}{3} + \cdots\cdots$$

晶粒大小 a：

$$a = \frac{100}{n}$$

表 7-2　变形铝片再结晶后晶粒数及晶粒大小

变形量(%)	2	3	4	5	6	7	8	9	10	11	12	13	14	15	……
晶粒数/个															
晶粒大小/mm²															

五、实验安全风险预估

序号	关键实验步骤	主要危险源	风险分析	控制和防护措施	突发情况处理
1	试样装炉、出炉操作	高温加热设备	操作不当易引起烫伤	穿实验服/防护服,佩戴耐热布手套,尽量减少皮肤裸露 使用热处理钳夹持试样,在安全警示线外操作 操作时间不可过长,装、取样时可视情况及时中断操作	如皮肤未破,可先用自来水冲洗,涂擦烫伤膏等;严重者马上送医
2	样品碱性浸蚀	强碱水溶液	操作不当易引起灼伤	个人防护要求穿着实验服/防护服,佩戴丁腈手套,戴口罩和防护眼镜 在通风橱中配制 NaOH 水溶液,浸蚀铝片数量每次不超过 3 片 实验室配有洗眼器	如有溶液溅到皮肤上,马上用水冲洗
3	样品酸性浸蚀	王水溶液	强酸易灼伤,可能有刺激性气味挥发	穿实验服/防护服,佩戴丁腈手套,戴口罩和防护眼镜 先将玻璃皿放在通风橱中,再慢慢在玻璃皿一边倒入王水溶液 在通风橱里进行浸蚀,浸蚀铝片数量每次不超过 3 片 实验室配有洗眼器	如有刺激性气味挥发到通风橱外,暂停实验,开窗通风

六、实验报告内容

1. 实验名称

2. 实验目的

3. 实验原理

1)金属变形方式与变形特征。

2)变形后金属组织和性能的变化。

3)变形度对金属再结晶晶粒大小的影响。

4. 实验设备及材料

5. 实验内容及步骤

6. 实验数据与结果

根据表 7-2 中的实验数据，画出纯铝片的变形量和再结晶后晶粒大小的关系曲线，确定临界变形度。

7. 思考题 （任选一题）

1）滑移带与孪晶有何区别？从制样和形貌上来解释。

2）讨论变形量对纯铝片再结晶晶粒大小的影响。

3）讨论加热温度对变形度-晶粒大小曲线的影响。

实验八　钢的淬透性实验

一、实验目的

1. 了解钢的淬透性的测定方法并掌握末端淬火法的原理与操作。
2. 了解钢的淬透性的意义及影响淬透性的因素。
3. 学会绘制淬透性曲线并了解其应用。

二、实验原理

1. 钢的淬透性及淬硬性

钢的淬透性一般是指钢材奥氏体化后淬火获得马氏体而不形成其他组织（珠光体、贝氏体等）的能力。淬透性是钢的固有属性，是钢重要的热处理工艺性能之一，也是评价钢的重要指标，主要和过冷奥氏体的稳定程度或临界淬火冷却速度有关，而与工件尺寸、冷却介质无关。钢的淬透性可以告诉我们如何正确地选用钢材及热处理工艺，所以了解和掌握淬透性的测定方法具有很重要的实际意义。

淬透性的大小一般用一定条件下的淬硬层深度来表示。工件在淬火冷却时，表面冷却速度最大，心部冷却速度最小，如果心部的冷却速度小于临界冷却速度 v_k，则心部得到非马氏体组织，只有冷却速度大于 v_k 的部分才能得到马氏体。

其他条件均相同的情况下，钢的淬透性越高，淬硬层深度就越大，因此将淬硬层深度作为标准来判断钢的淬透性。对实际工件的性能而言，半马氏体区（50%马氏体+50%非马氏体）的硬度要远低于全马氏体区的硬度，即半马氏体区组织特征明显且硬度变化剧烈，为了表示及测量方便，一般用表面到半马氏体区的距离来表示淬硬层深度。淬硬层深度除了取决于淬透性，还与工件尺寸、冷却介质等外部因素有关。工件尺寸小，介质冷却能力强，则淬硬层较深。

淬硬性是指钢正常淬火后获得马氏体能达到的最高硬度，即硬化能力，主要和钢的含碳量有关，确切地说，它取决于淬火加热时固溶于奥氏体中的碳含量。淬硬性与淬透性并无必然联系。

2. 影响淬透性的因素

钢的淬透性主要取决于临界冷却速度 v_k，v_k 越小，钢的淬透性越高，实际就是过冷奥氏体越稳定。这一点也可以近似地从等温转变曲线方面来考虑，等温转变曲线的位置越靠右，相对的 v_k 越小，钢的淬透性也越大。因此凡是影响等温转变曲线位置的因素都会影响钢的淬透性。比如化学成分，一般除 Co、Al，凡溶入奥氏体的合金元素均使钢的淬透性提高，如 Cr、Mo、Mn、W、Ti 等；加热温度升高，奥氏体稳定性增加，也能提高钢的淬透性。反之，奥氏体成分不均匀，晶粒越细小，则过冷奥氏体稳定性下降，淬透性降低。

3. 钢的淬透性的测定方法

钢的淬透性的测定方法有末端淬火法、临界淬透直径法、断口表示法等。

（1）末端淬火法　末端淬火法常用于测定碳钢及一般合金结构钢的淬透性，既简便经济，又能完全给出钢淬透硬化特性，所以应用较广泛，执行 GB/T 225—2006《钢淬透性的末端淬火试验方法（Jominy 试验）》。

末端淬火法采用规定的标准试样，试样尺寸如图 8-1 所示，其中试样长度为 100mm，直径为 25mm，并带有直径和高度分别为 30mm 和 3mm 的顶端。

标准试样加热至奥氏体区某一规定温度，并保温一定时间，然后取出在专用设备即末端淬火试验机上淬火，试验装置及试样放置位置如图 8-1 所示，其中喷水口直径为 12.5mm，喷水口距试样末端为 12.5mm，喷水柱的自由高度为 65mm，冷却水温不应高于 25℃。

试样自下而上冷却，因此试样末端冷却速度最大，距末端越远，冷却速度越小，组织和硬度也将发生相应变化。淬火后，沿试样纵向磨出 0.4~0.5mm 的平台，从距末端 1.5mm 处开始，每间隔 1.5mm 测其表面硬度，直至表面硬度不变。据此可绘出各种钢的淬透性曲线，如图 8-2 所示。

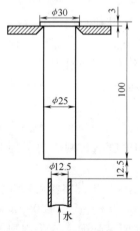

图 8-1　末端淬火法试验示意图
（单位：mm）

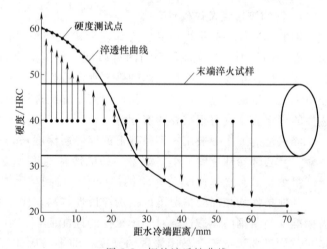

图 8-2　钢的淬透性曲线

末端淬火法测量的淬透性采用 JHRC-d 或 JHV30-d 表示。其中，J 表示末端淬透性，d 表示测试点至水冷端的距离（单位为 mm），HRC 为测试点的洛氏硬度值，HV 为测试点的维氏硬度。如 J44-10 即表示该试样距水冷端 10mm 处硬度值为 44HRC。JHV450-10 表示距淬火端 10mm 处硬度值为 450HV30。

（2）临界淬透直径法　所谓临界淬透直径法，是指不同直径的钢制圆柱试样在某介质淬火冷却后，沿试样截面测量硬度的分布，找出其中心部位刚好达到半马氏体区硬度的试样直径，即为钢在该淬火介质中的临界直径，一般用 D_0 表示。D_0 越大，钢的淬透性越高。同一种钢在不同淬火介质中的临界直径不同，在冷却能力强的介质中比冷却能力弱的介质中获得的淬火直径大，如 $D_{0水} > D_{0油}$。在同一介质中，临界淬透直径越大，表明淬透性越高。

4. 淬透性曲线的实际应用

根据淬透性曲线可以对不同钢种的淬透性大小进行比较，推算钢的临界淬火直径，确定钢件截面上的硬度分布情况等。

1）距末端 1.5mm 处硬度可代表钢的淬硬性。在一般情况下，该点表示 99.9% 马氏体的硬度。

2）端淬曲线拐点处的硬度约为半马氏体的硬度，该点距末端的距离代表了钢的淬透性大小。

3）整个淬透性曲线上硬度的变化情况，尤其在拐点附近，曲线变化平稳表示钢的淬透性大，变化剧烈则表示钢的淬透性小。

4）利用淬透性曲线及圆棒冷却速度与端淬距离的关系曲线可以预测零件淬火后的硬度分布。

5）淬透性曲线为选材和热处理工艺制定提供重要依据。

6）可以利用淬透性曲线控制淬硬层深度。

三、实验设备及材料

（1）实验仪器设备　端淬试验机，箱式电阻炉，洛氏硬度计以及专用夹具，游标卡尺，砂轮机。

（2）实验材料　45 钢、40Cr 标准端淬试样（25mm×100mm）。

（3）实验耗材　金相砂纸，防火布手套，热处理钳。

四、实验内容及步骤

用端淬法测定 45 钢、40Cr 两种材料的淬透性曲线。

1）45 钢、40Cr 两种材料加工成标准尺寸的端淬试样，涂上保护剂，以防氧化脱碳。

2）将试样放入预先加热到 850℃ 的电炉中加热，再保温 30min。

3）用热处理钳将试样由炉中取出（钳子夹在顶端 φ30mm 处），迅速放在端淬设备支架上，打开水阀冷却，从开炉门取样到喷水冷却时间应不超过 5s，喷水时间不少于 10min，然后将试样投入水中完全冷却。

注意：要求试样支架保持干燥，在试样安放到支架上的过程中，应防止水溅到试样上，实验过程中，要保持水柱的稳定性。

4）试样全部冷却后，在平行于试样轴线方向上磨制出两个互相平行的表面，磨削深度为 0.4～0.5mm。细砂轮磨制时，用力要适度并及时冷却，以免试样组织发生变化，同时还要保证磨面的平整度。

5）将试样放在专用夹具上测定洛氏硬度，专用夹具上带有刻度。由距末端 1.5mm 处开始测量，每隔 1.5mm 测量一次硬度。当硬度低于半马氏体硬度且下降趋于平缓时，每隔 3mm 测量一次，直至硬度无变化。

五、实验安全风险预估

序号	关键实验步骤	主要危险源	风险分析	控制和防护措施	突发情况处理
1	试样装炉、出炉操作	高温加热设备	操作不当易引起烫伤	穿实验服/防护服,佩戴耐热布手套,尽量减少皮肤裸露　使用淬火钳夹持试样,在安全警示线外操作　操作时间不可过长,装、取样时可视情况及时中断操作　实验室配有烫伤膏	如皮肤未破,可先用自来水冲洗,涂擦烫伤膏等;严重的马上送医
2	磨制侧表面	砂轮机高速旋转	可能划伤手部	穿实验服,长发束起　实验室配有碘伏和创可贴	关闭仪器;消毒包扎

六、实验报告内容

1. 实验名称

2. 实验目的

3. 实验原理

4. 实验设备及材料

5. 实验内容及步骤

6. 实验数据与结果

用端淬法测定 45 钢、40Cr 材料并画出两种材料的淬透性曲线（横轴为距水冷端距离,纵轴为硬度值）,根据互相平行的平面上各点测得的硬度平均值及相应的距水冷端距离,绘制淬透性曲线,并对比分析。

距水冷端距离/mm		1.5	3.0	4.5	6.0	7.5	9.0	…	18.0	21.0	…	40.0	45.0
硬度值 HRC	45 钢												
	40Cr 钢												

7. 思考题（任选一题）

1）简述钢的淬透性与淬硬性的区别。

2）何为半马氏体区？为什么用半马氏体区作为淬硬层深度的界限？

3）钢的淬透性测定有何实际意义？

4）钢的化学成分对钢的淬透性有什么影响？

实验九　碳钢及合金钢的热处理实验

一、实验目的

1. 掌握热处理的基本原理及常规工艺方法。
2. 掌握碳钢、合金钢热处理后组织性能的变化规律。
3. 了解合金元素对淬火钢回火过程的影响。

二、实验原理

热处理是将金属材料在固态下加热、保温和冷却，以改变其内部组织结构，从而获得所需性能的一种热加工方法。热处理在强化组织、消除或改善缺陷和偏析、细化晶粒、消除应力等方面发挥着关键作用，是充分挖掘金属材料性能潜力的重要手段。然而，如何制订正确且合理的热处理工艺规范，这就需要对不同热处理条件下的组织转变规律有清楚的认识。

（一）钢的加热和冷却转变

加热是热处理的第一道工序。对于钢铁材料，一般需要加热到 A_1 温度以上，以获得部分或完全的奥氏体组织，这一过程称为奥氏体化。奥氏体化过程的转变温度较高，因此主要依赖于铁、碳原子的扩散并由形核和长大机制完成。现以共析钢为例简要说明，其原始组织为珠光体，同时也要结合实验四中的铁碳相图进行理解，其奥氏体化过程如图 9-1 所示。

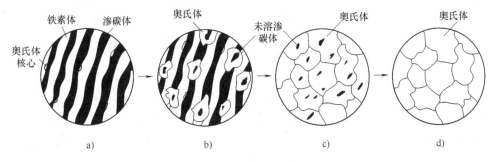

图 9-1　共析钢的奥氏体化过程

a）奥氏体形核　b）奥氏体长大　c）残余渗碳体溶解　d）奥氏体均匀化

（1）奥氏体形核　当加热至 $Ac_1^{\ominus}$ 以上某一温度时，由于在铁素体（F）和渗碳体（Fe_3C）界面处存在浓度变化和结构起伏，易于满足形核条件，因此奥氏体一般首先在铁素体与渗碳体相界面处形核。

（2）奥氏体长大　形核后，奥氏体晶核通过渗碳体的溶解、碳在奥氏体和铁素体中的扩散以及铁素体向奥氏体的转变而逐渐长大，这主要是因为各相界面之间存在碳的浓度梯度。

（3）残余渗碳体溶解　铁素体转变为奥氏体的速度要大于渗碳体溶解的速度，残余的渗碳体随保温时间延长或温度升高继续溶解直至消失。

（4）奥氏体均匀化　渗碳体溶解后，奥氏体内的碳浓度仍不均匀，通过长时间保温或继续升温可使奥氏体成分趋于均匀。

奥氏体化程度与原始组织状态、加热温度及保温时间等有着密切关系，最终还是要从热处理后的组织性能需求方面进行考虑，比如组织组成、晶粒大小、奥氏体中的碳含量及合金元素的溶入等。

在加热过程，即奥氏体化阶段完成后就需要进行冷却。处于临界点以下的、存在一定过冷度的奥氏体称为过冷奥氏体。过冷奥氏体在热力学上是不稳定的，迟早要发生转变。而在冷却过程中通常有等温冷却和连续冷却两种冷却方式，二者分别对应过冷奥氏体等温转变动力学图和过冷奥氏体连续冷却转变动力学图，这两条曲线是制订热处理冷却过程工艺规范的重要依据。

当合金成分变化时，过冷奥氏体转变曲线的位置、构成、形态也会发生变化。比如钢中合金元素的加入一般会使冷却转变曲线向右侧移动，使钢的临界冷却速度变慢，即提高了钢的淬透性。不过也要注意到等温冷却转变曲线和连续冷却转变曲线的区别，对于共析钢，如图 9-2 所示，与等温冷却转变曲线（实线）相比，连续冷却转变曲线（虚线）中没有了贝氏体转变区，珠光体转变温度更低，孕育期也更长；另外等温冷却转变曲线中所确定的临界冷却速度 v_k' 要明显大于连续冷却转变曲线中的临界冷却速度 v_k。但是由于后者的测定比较复杂，有时在只有等温冷却转变曲线的情况下也可以定性估计连续冷却时的组织转变过程。

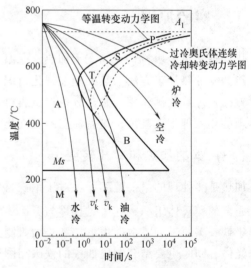

图 9-2　共析钢冷却转变曲线及连续冷却转变曲线示意图

由于过冷奥氏体等温转变过程中温度和时间的控制较为方便，转变产物比较明确，因此仍以共析钢的等温冷却转变曲线为例来说明钢的过冷奥氏体转变过程，如图 9-2 所示。一般来讲，随着冷却条件或者过冷度的不同，过冷奥氏体将发生珠光体转变、贝氏体转变和马氏

$\ominus$　Ac_1 为一定加热条件下的实际临界温度，Ac_3、Ac_{cm} 同理。

体转变三种类型的固态相变过程。

1. 珠光体转变

过冷奥氏体在 A_1 到 $550℃$ 间将转变为珠光体。珠光体是铁素体与渗碳体以片层相间排布的机械混合物。由奥氏体到铁素体和渗碳体的固态相变过程必然伴随着铁、碳原子的扩散和晶格改组，因此珠光体转变属于扩散型相变。珠光体片层的厚度取决于转变温度，所以转变温度较低时将得到片层间距更小的索氏体和屈氏体，其硬度、强度和塑性都得到提高。

2. 贝氏体转变

过冷奥氏体在中温区会发生贝氏体转变，即在 $550℃ \sim Ms$。贝氏体转变具备珠光体和马氏体转变的某些特点，其转变产物也有一些相似之处。在碳钢中，贝氏体也是由铁素体和渗碳体构成的混合组织，但由于过冷奥氏体中碳的质量分数及转变温度等条件的不同，贝氏体存在着多种多样的组织形态。常见的贝氏体组织有上贝氏体、下贝氏体和粒状贝氏体等。

3. 马氏体转变

过冷奥氏体以大于临界冷却速度 v_k 的条件快速冷却至 Ms 以下时将发生马氏体转变。一般认为，马氏体相变是无扩散的切变过程。马氏体转变是热处理强化的重要手段，其硬度、强度主要取决于其固溶的碳含量。随着成分及工艺条件等的变化，马氏体主要存在两种基本形态：板条状位错型马氏体和针片状孪晶型马氏体。

（二）钢热处理后的基本组织

在实际的热处理条件下，最终的转变产物往往是多种相变机制共同作用的结果，组织组成物的构成、比例、形态和析出顺序等都会受到成分和工艺条件的影响。因此首先对钢热处理后的基本组织特征进行介绍。

1. 索氏体（S）

索氏体是非平衡冷却条件下的珠光体转变产物，仍为铁素体片与渗碳体片的机械混合物。但其层片间距比珠光体更细密，大约为 $80 \sim 150\mu m$，在光学显微镜下一般要放大 1000 倍才能分辨出其细微结构。索氏体比珠光体具有更高的强度和硬度。图 9-3 为 45 钢的正火组织，沿晶界分布的白色条块状相为铁素体，内部细片状组织即为索氏体。

2. 屈氏体（T）

屈氏体也是由片状铁素体与渗碳体构成的珠光体转变产物，其转变温度比索氏体更低，片层分布更细密，层片间距一般为 $30 \sim 80\mu m$，在一般光学显微镜下无法分辨清楚，只有在电子显微镜下观察才能分辨其中的片层状。图 9-4 为 45 钢的油冷淬火组织，图中可见沿原奥氏体晶界分布着团块状黑色屈氏体，同时也存在一些羽毛状上贝氏体及少量的铁素体，晶粒内为马氏体。

3. 贝氏体（B）

碳钢中，贝氏体是铁素体与渗碳体的两相混合物，但其金相形态与珠光体并不一致，而且因钢的成分和形成温度的不同，贝氏体形态存在很大差异，此处主要介绍上贝氏体和下贝氏体。

过冷奥氏体转变中温区上部形成的组织为上贝氏体。在光学显微镜下，典型的上贝氏体呈羽毛状特征。上贝氏体的硬度和冲击韧度较低，一般无实用价值。图 9-5 为 T8 钢的等温淬火组织，处理后的显微组织，可见典型的羽毛状上贝氏体，周围还有少量黑色块状屈氏体，晶粒内部主要为下贝氏体。

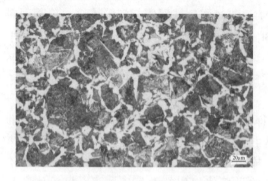

材料：45 钢

热处理方法：860℃，空冷（正火）

腐蚀剂：4%硝酸乙醇溶液

显微组织：铁素体+索氏体（细片状）

放大倍数：500×

图 9-3　45 钢的正火组织

材料：45 钢

热处理方法：860℃，油冷

腐蚀剂：4%硝酸乙醇溶液

显微组织：马氏体+屈氏体+铁素体+贝氏体

放大倍数：500×

图 9-4　45 钢的油冷淬火组织

过冷奥氏体转变中温区下部形成的组织为下贝氏体。由于易于被腐蚀，在光学显微镜下呈黑色细针状，彼此之间呈 60°或 120°交角，下贝氏体具备良好的强韧性能。图 9-6 为 60Si2Mn 钢的等温淬火组织，其中黑色针状的为下贝氏体组织，同时含有少量的上贝氏体。

材料：T8 钢

热处理方法：等温淬火

腐蚀剂：4%硝酸乙醇溶液

显微组织：上贝氏体+屈氏体+下贝氏体

放大倍数：500×

图 9-5　T8 钢的等温淬火组织

材料：60Si2Mn 钢

热处理方法：等温淬火

腐蚀剂：4%硝酸乙醇溶液

显微组织：下贝氏体+少量上贝氏体

放大倍数：1000×

图 9-6　60Si2Mn 钢的等温淬火组织

4. 马氏体（M）

马氏体是碳在 α-Fe 中的过饱和固溶体。其中比较典型的有板条状马氏体和片状马氏体两种形态。

板条状马氏体是在低碳钢、不锈钢等合金中形成的马氏体组织。在光学显微镜下，板条状马氏体呈现为相互平行的细长条状马氏体群，在性能上具有很高强度的同时也有着良好的韧性。图 9-7 为 20 钢的正常淬火组织，可见明暗不同的板条特征。

碳质量分数 ≥0.6% 的高碳钢淬火后将形成片状马氏体组织，其空间立体形态为凸透镜状，在金相磨面上观察为针状或竹叶状；马氏体针片大小不一，且后形成的马氏体片尺寸越来越小。从整体上说，马氏体组织的粗细程度取决于原奥氏体晶粒的大小。片状马氏体的性能特点是硬而脆。图 9-8 为 T8 钢淬火后的片状马氏体组织。

马氏体的硬度主要取决于碳含量，同时其形态也随碳含量的变化而变化，一般认为碳质量分数在 0.2% 以下时几乎全部形成板条马氏体，碳质量分数在 1.0% 以上时几乎只形成片状马氏体，而介于二者之间时属于由板条马氏体向片状马氏体过渡的混合组织。此外，在淬火组织中除了马氏体外一般还有一定量的残余奥氏体等非马氏体组织，因此淬火组织的硬度并不单单取决于马氏体的硬度，还会受到残余奥氏体等组织的影响。

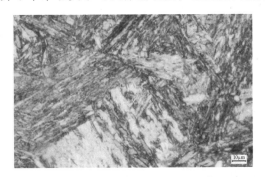

材料：20 钢
热处理方法：920℃，水冷
腐蚀剂：4% 硝酸乙醇溶液
显微组织：板条马氏体
放大倍数：1000×

图 9-7 20 钢的正常淬火组织

材料：T8 钢
热处理方法：780℃，水冷
腐蚀剂：4% 硝酸乙醇溶液
显微组织：片状马氏体+残余奥氏体
放大倍数：1000×

图 9-8 T8 钢淬火后的片状马氏体组织

5. 残余奥氏体（A′）

过冷奥氏体在马氏体转变中存在不完全性，尤其当奥氏体中碳的质量分数大于 0.4% 时，淬火时总有明显的、一定量的过冷奥氏体不能转变成马氏体而保留下来，这部分奥氏体称为残余奥氏体。当残余奥氏体含量较高时，可在显微镜下观察到其分布在马氏体之间，由于不易受腐蚀剂的浸蚀而呈白亮色，无固定形态。

6. 回火马氏体

低温回火后淬火马氏体分解得到回火马氏体，由仍具有一定过饱和度的 α-Fe 固溶体及析出的极细小的过渡碳化物构成。回火马氏体在形态上与淬火马氏体差别不大，但由于碳化物的析出使其更容易受腐蚀，光学显微镜下观察颜色更深。图 9-9 为 45 钢在 860℃ 淬火、200℃ 回火后得到的回火马氏体组织。

7. 回火屈氏体

淬火钢中温回火后将得到回火屈氏体。此时马氏体已基本分解完全，在铁素体基体上弥散分布着微小的粒状碳化物，α-Fe 固溶体仍保持着原来的条状或片状马氏体的形态，碳化物颗粒很细小，在光学显微镜下不易分辨清楚。图 9-10 为 45 钢在 860℃ 淬火、400℃ 回火得到的回火屈氏体组织。

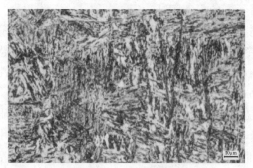 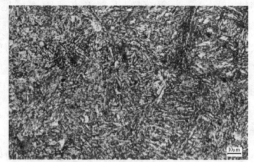

材料：45 钢

热处理方法：860℃淬火、200℃回火

腐蚀剂：4%硝酸乙醇溶液

显微组织：回火马氏体

放大倍数：1000×

图 9-9　45 钢回火马氏体组织

材料：45 钢

热处理方法：860℃淬火、400℃回火

腐蚀剂：4%硝酸乙醇溶液

显微组织：回火屈氏体

放大倍数：1000×

图 9-10　45 钢回火屈氏体组织

8. 回火索氏体

淬火钢高温回火后得到的组织为回火索氏体。此时不仅碳化物颗粒已经长大，α-Fe 固溶体也已通过回复和再结晶过程重新形成了无畸变的等轴铁素体晶粒，因此回火索氏体组织是由颗粒状碳化物和铁素体基体构成的。图 9-11 为 45 钢在 860℃淬火、600℃回火得到的回火索氏体组织，在光学显微镜下即可分辨出组织中的碳化物颗粒。

材料：45 钢

热处理方法：860℃淬火、600℃回火

腐蚀剂：4%硝酸乙醇溶液

显微组织：回火索氏体

放大倍数：1000×

图 9-11　45 钢回火索氏体组织

（三）钢的热处理工艺

钢的热处理可以分为普通热处理、表面热处理和形变热处理等方式，其中普通热处理包括退火、正火、淬火和回火四种，其中最重要且用途最广泛的是淬火和回火。

1. 退火

退火是将钢加热至 Ac_1 以上或以下温度，保温后随炉缓慢冷却的热处理工艺。退火工艺有很多种，比如完全退火、均匀化退火、球化退火、去应力退火等。退火可以均匀化成分和组织、细化晶粒、消除应力和加工硬化、改善切削加工性能等，也可为淬火处理做好组织准备。

2. 正火

正火是将钢加热到 Ac_3（对于亚共析钢）或 Ac_{cm}（对于过共析钢）以上 30℃~50℃，保温适当时间后，在空气中均匀冷却的热处理工艺。正火的目的是细化晶粒，消除魏氏组织、带状组织和网状碳化物等缺陷，也可以消除应力。正火后获得细珠光体组织，可改善低碳钢的切削加工性；可作为淬火前的预备热处理，对于一些要求不高的零件甚至可作为最终热处理。

3. 淬火

淬火是将钢加热到 Ac_1 或 Ac_3 以上 30℃~50℃，保温一定时间后以大于临界冷却速度的速度快速冷却来获得马氏体组织的热处理工艺。淬火工艺的关键是要正确选择淬火加热温度，恰当地选择冷却介质和冷却方法。

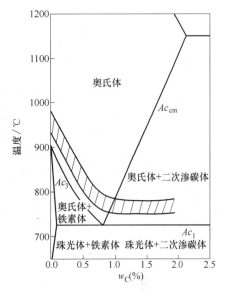

图 9-12　碳钢淬火加热温度范围
（阴影部分）

（1）淬火加热温度　淬火加热温度的选择主要考虑奥氏体化的程度，对于碳钢，可根据 $Fe-Fe_3C$ 相图进行设计，图 9-12 所示阴影部分为碳钢淬火加热时一般推荐的温度范围。

对于亚共析钢，加热温度一般选择 Ac_3 以上 30℃~50℃，此时奥氏体化后的晶粒比较细小，因此淬火也会得到细小的马氏体组织。图 9-13 为 45 钢在 860℃ 的正常淬火组织。若加热温度偏低（Ac_1~Ac_3），奥氏体化未完全，未溶铁素体会保留到淬火组织当中，将降低淬火钢的强度和硬度，图 9-14 中白色不规则块状相即为未溶铁素体。若淬火温度过高，会引起奥氏体晶粒的粗化，进而导致淬火后获得粗大的马氏体组织，降低钢的塑性和韧性，如图 9-15 所示。

对于共析钢或过共析钢，加热温度一般在 Ac_1 以上 30℃~50℃，而且可以通过球化退火预处理得到粒状渗碳体+铁素体基体组织（粒状珠光体），如图 9-16 所示。当加热至 Ac_1 以上两相区时，组织中会剩余一定量的粒状渗碳体，有利于细化晶粒并得到细小的马氏体组织，也可以提高硬度和耐磨性。图 9-17 中即为 T12 钢的正常淬火组织，细小的针状马氏体难以辨认，同时含有一定量的未溶二次渗碳体（亮白色颗粒）及残余奥氏体。

若加热温度太高，奥氏体中碳含量增加，淬火后残余奥氏体量增多，将降低钢的硬度和耐磨性，奥氏体晶粒也容易粗化，冷却后会得到粗片（针）状马氏体，增加淬火组织的脆性，使力学性能恶化。图 9-18 为 T12 钢在 1100℃ 的淬火组织，得到了粗大的针状马氏体及较多的残余奥氏体，渗碳体已完全溶入奥氏体而不能在组织中观察到。

淬火加热也要考虑到可能产生的一些热处理缺陷，比如淬火变形、氧化脱碳等。在空气等氧化气氛中高温加热时，表面会产生比较严重的氧化、脱碳，降低表面质量和硬度；较高的淬火加热温度也会增大工件的热应力，增加变形倾向。因此在选择淬火加热温度时，除了要满足组织性能的要求，还要尽可能减少工件可能产生的热处理缺陷。

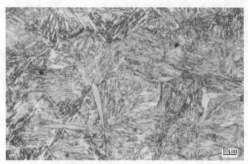

材料：45 钢

热处理方法：860℃淬火

腐蚀剂：4%硝酸乙醇溶液

显微组织：马氏体

放大倍数：1000×

图 9-13　45 钢在 860℃的正常淬火组织

材料：45 钢

热处理方法：750℃，水冷

腐蚀剂：4%硝酸乙醇溶液

显微组织：马氏体+铁素体（白色块状）

放大倍数：1000×

图 9-14　含未溶铁素体的淬火组织

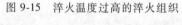

材料：45 钢

热处理方法：1100℃沸水、水冷

腐蚀剂：4%硝酸乙醇溶液

显微组织：粗大马氏体

放大倍数：1000×

图 9-15　淬火温度过高的淬火组织

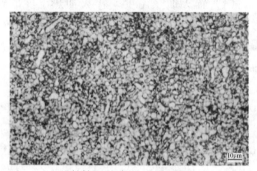

材料：T12 钢

热处理方法：球化退火

腐蚀剂：4%硝酸乙醇溶液

显微组织：粒状珠光体

放大倍数：1000×

图 9-16　球化退火预处理组织

材料：T12 钢

热处理方法：780℃淬火、水冷

腐蚀剂：4%硝酸乙醇溶液

显微组织：马氏体+二次渗碳体+残余奥氏体

放大倍数：1000×

图 9-17　T12 钢的正常淬火组织

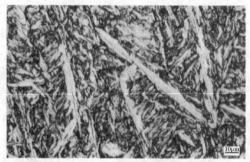

材料：T12 钢

热处理方法：1100℃淬火、水冷

腐蚀剂：4%硝酸乙醇溶液

显微组织：粗大针状马氏体+残余奥氏体

放大倍数：1000×

图 9-18　T12 钢在 1100℃的淬火组织

几种钢的临界点和淬火加热温度见表9-1，确定淬火加热温度时可以参考，同时还应考虑工件的原始组织、形状、尺寸、加热速度等因素。

表 9-1 几种钢的临界点和淬火加热温度范围

钢材	碳质量分数（%）	临界点/℃			淬火加热温度/℃
		Ac_1	Ac_3	Ac_{cm}	
10	~0.1	730	875	—	810~940
20	~0.2	735	855	—	890~910
45	~0.4	725	775	—	810~830
60	~0.6	725	750	—	780~800
T8	~0.8	730	—	—	760~780
T10	~1.0	730	—	820	760~780
T12	~1.2	730	—	820	760~780
40Cr	0.37~0.45	735	782	—	850~870

（2）淬火加热时间　淬火加热时间一般包括工件到达设定温度的升温时间、工件表面和心部均热的时间以及完成固态相变所需要的时间，这与钢的成分、原始组织、工件几何形状和尺寸、加热介质、炉温、装炉方式等因素有关。为了方便，热处理工艺手册给出了一个基于工件截面尺寸的经验公式来计算加热时间，公式为：

$$\tau = \alpha k D \tag{9-1}$$

式中，τ 为保温时间（min）；α 为加热系数（min/mm）；k 为工件装炉方式修正系数；D 为工件有效厚度（mm）。

α 与加热介质、工件尺寸和成分等有关，具体见表9-2；k 与装炉量的多少、工件排列方式等有关，通常取 1.0~1.5；D 取决于具体形状，比如圆柱体取直径，正方形截面取边长等。

表 9-2 常用钢的加热系数　　　　（单位：mm/min）

材料	工件直径/mm	<650℃ 气体介质	780~900℃ 气体介质
碳钢	≤50 >50	— 	0.8~1.2 1.0~1.5
合金钢	≤50 >50		1.5~1.8 1.5~2.0
高合金钢	—	0.4~0.6	—
高速工具钢	—	—	0.8~1.0

（3）淬火冷却过程　为了获得马氏体，工件淬硬层的冷却速度一定要大于临界冷却速度。但冷却速度也不能太大，否则将产生过大的淬火应力，产生严重的变形甚至开裂。从等温冷却转变曲线来看（图9-19），理想的淬火冷却过程应在 A_1 温度以下适当慢冷以减小热

应力，必须在过冷奥氏体最不稳定温度范围（鼻尖附近）快冷，以超过临界冷却速度，而在 Ms 点以下，则尽可能慢冷以减少马氏体转变产生的组织应力。因此，淬火冷却介质的选择，应同时考虑材料的过冷奥氏体转变动力学过程和冷却介质本身的冷却特性。常用淬火介质的冷却特性见表 9-3，不同介质在不同温度范围的冷却能力存在很大差异，常见的水及水溶液的冷却效果均不理想，因此，需要不断开发含有多种添加剂的淬火油以及有机聚合物水溶液等专用淬火介质。

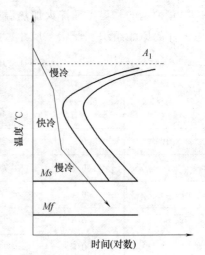

图 9-19　理想淬火冷却曲线

除了选择冷却介质外，还可以根据需要采用不同的冷却方法。一般淬火条件下使用的是单一的冷却介质即单液淬火，而对于形状复杂、要求变形小的零件可以采用双液淬火、分级淬火等冷却方法，以进一步降低淬火过程中的热应力和组织应力。

表 9-3　常用淬火介质的冷却特性

淬火介质	平均冷却速度/℃·s^{-1}		淬火介质	平均冷却速度/℃·s^{-1}	
	650~550℃	300~200℃		650~550℃	300~200℃
静止自来水,20℃	135	450	15%NaOH 水溶液,20℃	2750	775
静止自来水,40℃	110	410	5%Na$_2$CO$_3$ 水溶液,20℃	1140	820
静止自来水,50℃	80	185	矿物油	150	30
10%NaCl 水溶液,20℃	1900	1000	变压器油	120	25

如前所述，过冷奥氏体的转变产物会随着冷却条件发生变化。图 9-20 所示为 45 钢的连续冷却转变曲线示意图，过冷奥氏体在炉冷时将会析出先共析铁素体，剩余奥氏体转变为珠光体组织，相当于退火处理；空冷时，更快的冷却速度抑制了铁素体的析出，将得到较少的铁素体及片层更细的索氏体组织（图 9-3），可以认为是正火处理；油冷时，冷却速度更快，可能析出极少量的铁素体，紧接着析出屈体和贝氏体，剩余过冷奥氏体会继续转变为马氏体（图 9-4）；水冷时，过冷奥氏体将直接转变为马氏体（图 9-13）。当然对于淬透性不够好或尺寸较大的工件，往往只能保证表层一定深度的淬硬层，由于冷却速度减慢心部仍会出现非马氏体组织。

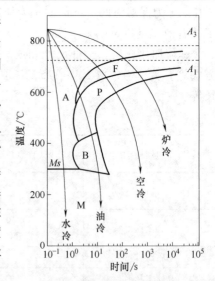

图 9-20　45 钢连续冷却转变曲线示意图

4. 回火

回火是将淬火后的钢加热到 A_1 温度以下，保温后冷却下来的一种热处理工艺。由于淬火组织是不稳定的，在淬火应力的作用下又可能产生比较大的淬火变形甚至开裂。因此，工件淬火后必须尽快进行回火处理。

（1）回火温度　回火温度是决定回火后组织及性能的关键因素。根据加热温度不同，回火可以分为三类：

1）低温回火。在 150~250℃回火，所得组织为回火马氏体，如图 9-9 所示。硬度为 57~60HRC，其目的是降低淬火应力，减少钢的脆性并保持钢的高硬度、强度和耐磨性。一般用于切削工具、量具、滚动轴承以及渗碳件等，大部分是高碳钢和高碳合金钢。

2）中温回火。在 350~500℃回火，所得组织为回火屈氏体，如图 9-10 所示。硬度为 40~48HRC，此时淬火应力基本消失，可以获得高的弹性极限、较高的强度和硬度，同时有良好的塑性和韧性。因此它主要用于各种弹簧及热锻模等。

3）高温回火。在 500~650℃回火，所得组织为回火索氏体，如图 9-11 所示。一般也将淬火+高温回火的工艺称为调质处理。硬度为 25~35HRC。其目的是获得既有一定强度、硬度，又有优良塑性和韧性的综合力学性能。高温回火一般用于各种重要的机械零件，如曲轴、连杆以及机床主轴等。

回火时，有些合金元素可以减缓马氏体组织的分解过程，使其脱溶温度向高温推移，其中又以 Cr、W、Mo、V 等合金元素的作用明显。这些合金元素能够增加合金钢的回火抗力，使其在高温下保持较高的强度和硬度，这对于一些切削工具、热作模具等工作温度较高的工件来说是非常重要的性能。

（2）保温时间　为了降低或消除淬火应力和稳定组织，回火的保温时间往往比较长，尤其是低温回火，一般不少于 1.5~2h；高温回火时间不宜过长，过长会使钢过分软化；不过合金钢导热性差，同时也为了合金碳化物的充分析出，回火时间要相应延长。回火保温时间在热处理手册中也提出了经验公式，可以参考计算，此处不再详述。另外，钢铁材料回火后一般采取空冷，对于存在高温回火脆性的材料可以使用冷却更快的冷却方式，如风冷、油冷。

三、实验设备及材料

（1）实验仪器设备　箱式电阻炉，洛氏硬度计。

（2）实验材料　20 钢、45 钢、T8 钢、T12 钢及 40Cr 圆柱试样。

（3）实验耗材及工具　淬火冷却用水槽、油槽、细铁丝、热处理钳、粗砂纸、耐热手套、不同钢铁材料和锤子。

四、实验内容及步骤

1）通过改变材料成分、加热温度和冷却方式等设计了淬火、回火工艺方案，见表 9-4 和表 9-5。其中 1~8 号试样分别用于分析碳含量、加热温度和冷却方式对淬火组织性能的影响，9~14 号试样主要用于分析合金元素和加热温度对回火后组织性能的影响（先淬火再回火）。

2）指导教师按照表 9-4、9-5 对学生进行分组并分发试样。分组后首先使用细铁丝捆绑试样，以方便热处理操作。

3）指导教师介绍箱式热处理炉的基本结构及加热、测温原理，讲解热处理过程中装炉及取样等操作要求，强调安全注意事项。

4）学生按分组对各自试样进行工艺处理并测量洛氏硬度，测量前要用粗砂纸将氧化皮及脱碳层磨掉，将平均硬度值填写至表9-4中。

表9-4　淬火工艺及实验数据

试样号	材料	淬火工艺			硬度　HRC	显微组织
		加热温度/℃	保温时间/min	冷却方式		
1	20	920	15	盐水		
2	45	750	15	盐水		
3	45	860	15	空冷		
4	45	860	15	油冷		
5	45	860	15	盐水		
6	45	920	15	盐水		
7	T8	780	15	盐水		
8	T12	780	15	盐水		
9	45	860	15	盐水		
10	45	860	15	盐水		
11	45	860	15	盐水		
12	40Cr	860	15	油冷		
13	40Cr	860	15	油冷		
14	40Cr	860	15	油冷		

5）测量淬火硬度后，9~14号试样还需回火，回火后再次测量其硬度值，并填写至表9-5中。

表9-5　回火工艺及实验数据

试样号	材料	回火工艺			硬度　HRC	显微组织
		加热温度/℃	保温时间/min	冷却方式		
9	45	200	30	空冷		
10	45	400	30	空冷		
11	45	600	30	空冷		
12	40Cr	200	30	空冷		
13	40Cr	400	30	空冷		
14	40Cr	600	30	空冷		

6）对于实验结果，各组需参照铁碳相图及过冷奥氏体转变曲线对热处理后的显微组织进行分析与预判，并将组织构成填入对应的表格中。

五、实验安全风险预估

序号	关键实验步骤	主要危险源	风险分析	控制和防护措施	突发情况处理
1	试样装炉、出炉	高温加热设备及试样	烫伤风险	穿实验服/防护服，佩戴耐热布手套，尽量减少皮肤裸露　使用热处理钳夹持试样，在安全警示线外操作　操作时间不可过长，装取样时可视情况及时中断操作　空冷试样应做好警示，避免误碰	如烫伤且皮肤未破，可先用自来水冲洗，涂擦烫伤膏等；严重的马上送医
		强电设备	触电风险	检查电炉限位开关是否起作用，否则需先断电后操作　禁止随意触碰设备上的各种线路	意外触电首先切断电源，并按应急预案进行急救
2	淬火油冷	可燃淬火油	红热试样可能点燃淬火油	淬火油置于不锈钢槽中　淬火时试样不要在液面处停留，否则极易引燃且释放刺激性气味　实验室配有灭火毯和二氧化碳灭火器	如果出现火焰可盖上油槽上盖。如不能控制再使用灭火毯或灭火器

六、实验报告内容

1. 实验名称

2. 实验目的

3. 实验原理

1）钢的加热和冷却转变。

2）钢热处理后的基本组织。

3）钢的热处理工艺。

4. 实验设备及材料

5. 实验内容及步骤

6. 实验数据与结果

给出表 9-4、9-5 的数据记录。分别选择对应数据绘制碳质量分数、淬火温度、冷却介质与淬火后硬度、回火温度与回火硬度的四种关系曲线，结合实验曲线，分析实验中碳钢和合金钢的成分、工艺与组织性能之间的关系。

7. 思考题（任选一题）

1）若 45 钢淬火后硬度不足，如何根据组织分析其原因是加热温度不够还是冷却速度不够?

2)比较 45 钢和 40Cr 的淬火过程,说明 Cr 元素的加入有什么实际意义。

3)屈氏体和回火屈氏体、索氏体和回火索氏体组织在形成过程和组织特征上有何区别?

4)T8 钢经过何种热处理方法可以获得以下组织:粗片状珠光体、细片状珠光体和颗粒状渗碳体?

实验十　铸铁与有色金属显微组织观察

一、实验目的

1. 掌握常用铸铁及有色金属材料的显微组织特征。
2. 了解铸铁中石墨形态特征对其性能的影响。
3. 了解有色金属材料的显微组织对其性能的影响。

二、实验原理

（一）铸铁

　　铸铁是碳质量分数大于 2.11% 的铁碳合金，以铁、碳、硅为主要组成元素，且比碳钢含有较多的硫、磷等杂质，工业上使用的铸铁碳质量分数一般为 2.5%~4.0%。虽然铸铁的强韧性与钢相比较差，但其铸造工艺性好，生产成本低，且一般具有良好的减振性、耐磨性、耐蚀性、切削加工性及低的缺口敏感性等，因此在工业中被广泛应用。

　　碳在铸铁中可以以游离、化合和固溶三种状态存在。根据碳在铸铁中存在的形式不同，铸铁可以分为白口铸铁、灰铸铁和麻口铸铁三大类。

　　（1）白口铸铁　碳几乎全部以渗碳体（Fe_3C）形式存在，断口呈白亮色，硬而脆，主要用作炼钢原料或高耐磨零件（如轧辊等）。

　　（2）灰铸铁　碳大部分或全部以游离态石墨形式存在，断口呈灰黑色。灰铸铁具有许多优良的性能，是应用最广的铸铁材料。

　　（3）麻口铸铁　碳同时以渗碳体和游离态石墨形式存在，断口呈灰白色。麻口铸铁由于脆性大，很少使用。

　　白口铸铁的组织已在实验四中观察和掌握，这里重点介绍灰铸铁的组织及性能。灰铸铁中的游离态石墨强度极低，对金属基体有割裂作用，从而降低基体的连续性，减小金属基体承受应力的有效截面，降低铸铁的强韧性。但石墨的形态不同，弱化铸铁强韧性的作用有很大差别，片状石墨的弱化作用最强，球状石墨弱化作用最弱，蠕虫状石墨和团絮状石墨弱化作用居中。根据组织中石墨形态的不同，还可以将灰铸铁分为普通灰铸铁、可锻铸铁、球墨铸铁和蠕墨铸铁。灰铸铁中的石墨形态及基体组织主要取决于铸铁的化学成分、熔炼过程、冷却条件等因素。不同灰铸铁的组织特征及性能如下：

（1）普通灰铸铁　普通灰铸铁（简称灰铸铁）的石墨呈片状，是由铁液缓慢冷却时通过石墨化形成的，其基体组织有铁素体、铁素体+珠光体、珠光体三种，如图10-1~图10-3所示。由于片状石墨将基体组织割裂开，石墨尖端在受力时也会造成应力集中，严重削弱铸铁的抗拉强度和塑性，且石墨片越粗大、越不均匀，则削弱作用越强，但片状石墨对基体的抗压强度和硬度影响不大，且灰铸铁中的石墨可起减振作用。灰铸铁进行孕育处理可使石墨片细化，从而提高灰铸铁件的抗拉强度和硬度。灰铸铁一般用于制造承受压力和振动的零件，如机床床身、底座、壳体等。

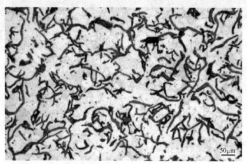

材料：普通灰铸铁

处理方法：铸态

腐蚀剂：4%硝酸乙醇溶液

显微组织：铁素体（白亮基体）+石墨（深灰色片状）

放大倍数：200×

图10-1　铁素体基体铸铁

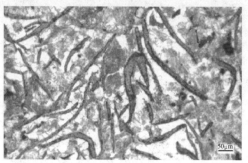

材料：普通灰铸铁

处理方法：铸态

腐蚀剂：4%硝酸乙醇溶液

显微组织：珠光体（灰色片层状）+
铁素体（白亮基体）+石墨（深灰色片状）

放大倍数：200×

图10-2　铁素体+珠光体基体铸铁

（2）可锻铸铁　可锻铸铁（又称展性铸铁）的石墨呈团絮状，是白口铸铁长时间石墨化退火处理而得到的，渗碳体在退火时发生分解而形成团絮状石墨，塑性和韧性均优于灰铸铁。可锻铸铁的基体组织取决于所采用的石墨化退火工艺，常见的有铁素体基可锻铸铁、珠光体+铁素体基可锻铸铁、珠光体基可锻铸铁等，如图10-4~图10-6所示。根据对强度、塑韧性和耐磨性的不同要求，可锻铸铁可用于制造曲轴、连杆、齿轮、管接头和转向机构等类型的零件。

（3）球墨铸铁　球墨铸铁组织中的石墨大部分或全部呈圆球状，需要对铁液进行球化处理和孕育处理才能得到。球状石墨对铸铁内部应力集中的影响较小，减弱对基体的割裂作

材料：普通灰铸铁

处理方法：铸态

腐蚀剂：4%硝酸乙醇溶液

显微组织：珠光体（灰色片层状）+石墨（深灰色片状）

放大倍数：200×

图10-3　珠光体基体铸铁

用，充分发挥基体性能的潜力，使球墨铸铁获得较高的强度和一定的塑韧性，力学性能上明显优于灰铸铁。球墨铸铁的力学性能主要取决于基体类型，但球状石墨的数量、尺寸大小、分布及形态对性能也有影响。按照不同的处理方式可以得到的常见基体组织有铁素体、铁素体+珠光体、珠光体，如图10-7~图10-9所示。

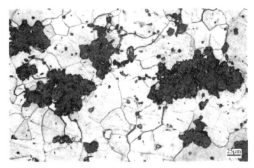

材料：可锻铸铁

处理方法：白口铁退火

腐蚀剂：4%硝酸乙醇溶液

显微组织：铁素体（白亮基体）+石墨（黑色絮状）

放大倍数：400×

图 10-4　铁素体基可锻铸铁

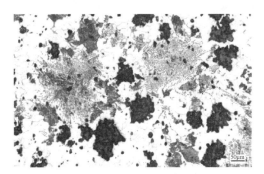

材料：可锻铸铁

处理方法：白口铁退火

腐蚀剂：4%硝酸乙醇溶液

显微组织：珠光体（灰色片层状）+

铁素体（白亮基体）+石墨（黑色絮状）

放大倍数：200×

图 10-5　珠光体+铁素体基可锻铸铁

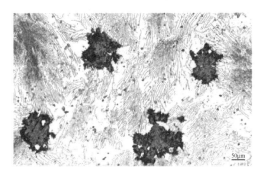

材料：可锻铸铁

处理方法：白口铁退火

腐蚀剂：4%硝酸乙醇溶液

显微组织：珠光体（灰色片层状）+

石墨（黑色絮状）

放大倍数：200×

图 10-6　珠光体基可锻铸铁

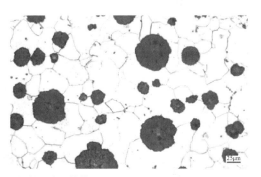

材料：球墨铸铁

处理方法：铸态

腐蚀剂：4%硝酸乙醇溶液

显微组织：铁素体（白亮基体）+石墨（黑色球状）

放大倍数：400×

图 10-7　铁素体基球墨铸铁

合金化和热处理后，球墨铸铁可得到贝氏体、马氏体等基体组织，以进一步提高其力学性能。球墨铸铁中石墨尺寸越细小、分布越均匀及形态越接近正圆，则力学性能越高，在实际应用中可用于制造受力较大、承受冲击载荷或对耐磨性有较高要求的场合，如曲轴、传动齿轮等。

（4）蠕墨铸铁（简称蠕铁）　蠕墨铸铁中的石墨大部分呈蠕虫状，同时伴有少量球状石墨，要经过适当的蠕化处理和孕育处理才能获得良好的蠕化效果。蠕虫状石墨是介于片状石墨和球状石墨之间的一种形态，较短较厚，且端部较为圆滑，因而可有效减小普通灰铸铁中片状石墨引起的应力集中，图 10-10 所示为铁素体基体的蠕墨铸铁。

蠕墨铸铁的力学性能取决于石墨的蠕化率、形态、分布及基体组织。相同基体时，蠕墨铸铁的强韧性优于灰铸铁，但比球墨铸铁要低。此外，蠕墨铸铁的铸造性能和减振性要好于球墨铸铁。蠕墨铸铁常用于制造缸盖、机座、床身等零件。

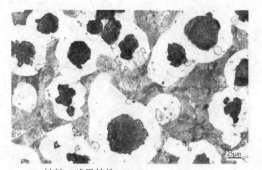

材料：球墨铸铁

处理方法：铸态

腐蚀剂：4%硝酸乙醇溶液

显微组织：珠光体（灰色片层状）+

铁素体（白亮基体）+石墨（黑色球状）

放大倍数：400×

图 10-8　铁素体+珠光体基球墨铸铁

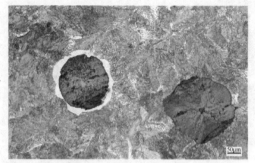

材料：球墨铸铁

处理方法：铸态

腐蚀剂：4%硝酸乙醇溶液

显微组织：珠光体（灰色片层状）+石墨（黑色球状）

放大倍数：200×

图 10-9　珠光体基球墨铸铁

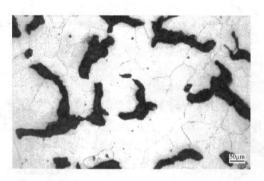

材料：蠕墨铸铁

处理方法：铸态

腐蚀剂：4%硝酸乙醇溶液

显微组织：铁素体（白亮基体）+石墨（黑色蠕虫状）

放大倍数：200×

图 10-10　铁素体基体的蠕墨铸铁

（二）有色金属

一般将钢铁材料以外的金属材料统称为有色金属材料。与钢铁材料相比有色金属材料具备一些比较特殊的性能，如比强度高、导电导热性好、耐蚀性强、延展性好等，因此有色金属材料除了可以作为结构材料使用，还可用于制造信息材料、储能材料、磁性材料等各类功能材料，广泛应用于机械电子、仪器仪表、航空航天和军事工业等领域。

钢铁的显微组织中相少但组织多，而有色金属显微组织中一般都是相多但组织少。在有色金属中，由于某些强化相尺寸比较小，显微组织的形状、分布、颜色等方面也无明显特征，而且经常是多相混在一起，难以通过显微组织进行分辨。下面主要介绍一些典型的、显微组织容易辨识的有色金属。

1. 铝合金

　　铝合金是除钢铁以外应用最多、最广的金属材料，根据合金元素和加工工艺，可将铝合金分为铸造铝合金和变形铝合金。铸造铝合金中应用最广的是铝-硅系合金，具有良好的铸造性能、耐蚀性能和力学性能。ZL102（Si 质量分数为 10%～13%）是最基本的铝硅二元铸造合金，由 Al-Si 合金相图可知该成分在共晶点附近，其铸态显微组织主要是由白色 α 固溶体和粗针状硅晶体组成的共晶体，还可能含有少量呈多面体状的初生硅晶体，如图 10-11 所示。铸态组织中的粗大针状硅晶体和多面体状的初生硅晶体会降低合金的强度和塑性，由于简单的 Al-Si 二元合金不可通过热处理强化，只能向合金溶液中加入变质剂采用变质处理的方法改善合金的力学和加工性能。变质剂降低了 Si 的生长速度并使其发生分枝或细化。另外，加入变质剂能够降低合金的共晶温度，并使共晶点右移，得到由树枝状的初生 α 固溶体和细密的（α+Si）共晶体组成的亚共晶组织，如图 10-12 所示。变质处理后使粗针状、多面体状的硅晶体改变为小点状，相应地提高了铝合金的强度和塑性，同时又具备良好的铸造性能，因此可用于制造对力学性能要求不是很高但形状复杂的铸件，例如发动机活塞等。

材料：ZL102

处理方法：铸态（未变质）

腐蚀剂：0.5% HF 水溶液

显微组织：(α+Si)$_{共晶}$+Si$_{初晶}$（深灰色块状）

放大倍数：200×

图 10-11　ZL102 铸态显微组织

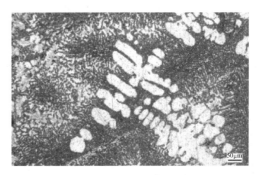

材料：ZL102

处理方法：铸态（变质）

腐蚀剂：0.5% HF 水溶液

显微组织：α 相（白色）+（α+Si）$_{共晶}$

放大倍数：200×

图 10-12　ZL102 亚共晶组织

2. 铜合金

　　纯铜具有优异的导电性、导热性及耐蚀性，塑性很好但强度较低，不适于直接作为结构材料使用，更多的是利用其物理性能制造各种元器件或制备铜合金。铜及铜合金分为纯铜、黄铜、青铜、白铜四大类。纯铜（代号 T）中铜的质量分数在 99% 以上，黄铜（代号 H）是铜锌合金加入其他元素的复杂合金，白铜（代号 B）是铜镍合金加入其他元素的复杂合金，纯铜、黄铜、白铜以外的铜合金统称为青铜（代号 Q）。这里以黄铜为例加以分析。

　　工业黄铜中锌的质量分数通常不超过 47%。由 Cu-Zn 合金相图可知，锌的质量分数少于 36% 的黄铜的铸态显微组织为单相树枝状晶，称为 α 黄铜（或单相黄铜），α 相不易受侵蚀，在显微镜下通常呈亮白色。α 黄铜塑性很好，可进行冷热加工，适于制造板材、线材或深冲零件等。图 10-13 为单相黄铜（H70）变形及退火后的显微组织，其中 α 固溶体晶粒呈多边形，晶粒内有明显的退火孪晶。

锌的质量分数在 36%~46% 的黄铜中含有 α+β 两相组织，为双相黄铜。图 10-14 为双相黄铜（H62）在退火状态时的显微组织，其中 α 相为白色基体，β 相为暗黑色条块状，高温下 β 相是以 CuZn 电子化合物为基的固溶体，塑性好。低温时 β 相将转变为 β′ 有序固溶体，性能硬而脆，而在高温时则有较好的塑性，故适于热加工。

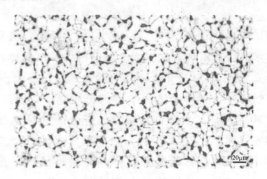

材料：H70 黄铜　　　　　　　　　　　　材料：H62 黄铜
处理方法：变形后退火　　　　　　　　　处理方法：退火
腐蚀剂：3%FeCl₃+10%HCl 水溶液　　　　腐蚀剂：3%FeCl₃+10%HCl 水溶液
显微组织：α（单相）　　　　　　　　　显微组织：α+β（双相）
放大倍数：200×　　　　　　　　　　　　放大倍数：500×

图 10-13　单相黄铜（H70）变形及退火后的显微组织　图 10-14　双相黄铜（H62）在退火状态的显微组织

3. 轴承合金

轴承合金通常用于制造汽车、拖拉机及机床等机械制造业中滑动轴承的轴瓦。由于轴承在工作过程中不仅要承受压力、冲击、交变应力，还要经受摩擦、磨损、高温和多介质腐蚀，因此轴承合金材料应具备良好的耐磨性和较低的摩擦系数，还要有良好的导热性和耐蚀性，能抵抗机器运行过程中的冲击和振动等。根据化学成分不同，生产上应用的轴承合金主要有锡基、铅基、铝基、铜基四大类非铁基金属合金。金相组织是影响轴承合金性能的主要因素之一，分为在软基体上分布的硬质点组织，如锡基、铅基合金和在硬基体上分布的软质点组织，如铜铅基合金。这里主要介绍应用最为广泛的铅基和锡基轴承合金的金相组织。

锡基轴承合金中代表性的有 ZSnSb4Cu4、ZSnSb8Cu4 和 ZSnSb11Cu6。其中 ZSnSb11Cu6 合金中除基本元素 Sn 外，还含有 11%Sb 及 6%Cu（质量分数）。图 10-15 为 ZSnSb11Cu6 合金的显微组织，其中暗黑色的为软基体 α 相（锑在锡中的固溶体），白色块状为硬质点 β 相（SnSb 化合物），白亮针状及星形析出物则为 ε 相（Cu₆Sn₅ 化合物）。这种有软有硬的混合组织，保证了轴承合金具有足够的强度、塑性以及良好的减磨性。

铅基轴承合金是以 Pb 为主要合金元素的合金，同时加入少量 Sb、Sn、Cu 等元素。由于 Pb 的储量丰富，价格较低，而且铅基轴承合金与锡基轴承合金性能接近，一般常作为替代品。代表性的铅基轴承合金牌号有 ZPbSb16Sn16Cu2、ZPbSb10Sn6 等。其中 ZPbSb16Sn16Cu2 是工业中最常用的铅基轴承合金，除了基本元素 Pb，它含有 16% 的 Sb、16% 的 Sn 以及 2% 的 Cu（质量分数），属于过共晶合金。图 10-16 为 ZPbSb16Sn16Cu2 合金的铸态组织，其中基体为［Pb+Sn（Sb）］共晶体，白色方块状相为 SnSb 化合物，少量白色针状相为 Cu₃Sn 或 Cu₂Sn 的化合物。

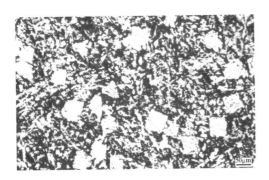

材料：ZSnSb11Cu6 合金

处理方法：铸态

腐蚀剂：4%硝酸乙醇溶液

显微组织：α+β+ε

放大倍数：200×

图 10-15 ZSnSb11Cu6 合金的显微组织

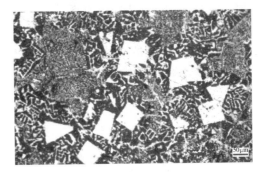

材料：ZPbSb16Sn16Cu2 合金

处理方法：铸态

腐蚀剂：4%硝酸乙醇溶液

显微组织：α+β+Cu_3Sn 或 Cu_2Sn

放大倍数：200×

图 10-16 ZPbSb16Sn16Cu2 合金的铸态组织

4. 镁合金

镁合金是目前工业上应用的最轻的金属结构材料，具有密度低、比强度高、比刚度高、热导率高、机械加工性能优良、可回收再利用等优点。近年来，镁合金在工业、航空航天、汽车以及电子元器件等领域得到越来越广泛的关注。

根据加入合金元素不同，镁合金可以分为 Mg-Al、Mg-Zn、Mg-Mn、Mg-RE 等不同系列的镁合金。合金元素对镁合金组织和性能有重要影响，可以与镁形成共晶化合物或第二相，达到强化组织的目的。其中 Al 可以提高镁合金的铸造性和强度，但是形成的第二相 $Mg_{17}Al_{12}$ 在晶界析出后会降低其抗蠕变性能，特别是在 AZ91（铝质量分数为 7%～9%）中第二相析出量会达到很高，如图 10-17 所示。AZ91 铸态显微组织由基体 α 相和呈网状分布在晶界处的 β 相（$Mg_{17}Al_{12}$）组成，粗大的 β 相使铸态合金的塑性和强度下降。固溶处理是强化镁合金的方法之一，由于 Al 在固态镁中有较大的固溶度，极限为 12.7%，对于 Mg-Al 合金可通过固溶处理形成过饱和固溶体强化合金。AZ91 合金经过固溶处理后枝晶状 β 相溶解到 α 相基体中，显微组织如图 10-18 所示，主要为 α 过饱和固溶体，可提高合金强度和塑性。

5. 钛合金

钛合金于 20 世纪 50 年代初才投入工业化生产，由于具有特别的使用价值，发展速度很快，其最大的特点是密度小、强度高、有良好的中温强度和低温韧性。根据成分和室温组织特征，钛合金主要分为三大类：α 钛合金、α+β 钛合金、β 钛合金。

（1）α 钛合金（代号 TA） 显微组织是 α 相组织，主要的合金元素是 Al、Zr、Sn 等，不能通过热处理来改善组织，具有良好的焊接性，适用于耐高温蠕变的零件。

（2）α+β 钛合金（代号 TC） 在室温下具有 α+β 混合组织结构，各相的金相形态和数量依成分、热加工方式及热处理方式而异，α+β 钛合金可通过热处理强化，热处理通常在 α、β 两相区进行。TC4（Ti-6Al-4V）是目前应用最广的 α+β 钛合金，图 10-19 为 TC4 退火显微组织，等轴状晶粒为 α 相，β 相呈网状分布于 α 相之间。双相区固溶时，TC4 合金中密排六方结构的 α 相逐渐转变成体心立方的 β 相，快速冷却后，高温的 β 相会转变为亚稳的

α'马氏体，显微组织如图 10-20 所示。

（3）β 钛合金（代号 TB） 含有大量的 β 相稳定元素，适当的冷却速度能够使室温组织全部为 β 相，典型的 β 钛合金如 TB2（Ti-5Mo-5V-8Cr-3Al）。

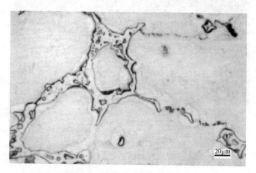

材料：AZ91

处理方法：铸态

腐蚀剂：5g 苦味酸+100ml 乙醇

显微组织：α+β-$Mg_{17}Al_{12}$

放大倍数：500×

图 10-17　AZ91 铸态显微组织

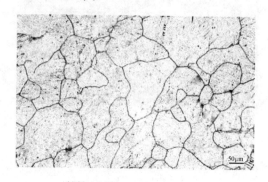

材料：AZ91

处理方法：固溶

腐蚀剂：5g 苦味酸+100ml 乙醇

显微组织：α 过饱和固溶体

放大倍数：200×

图 10-18　AZ91 固溶显微组织

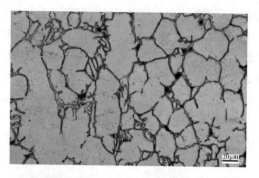

材料：TC4

处理方法：退火

腐蚀剂：氢氟酸：硝酸：水（1：3：7）

显微组织：α+β（双相）

放大倍数：500×

图 10-19　TC4 退火显微组织

材料：TC4

处理方法：固溶

腐蚀剂：氢氟酸：硝酸：水（1：3：7）

显微组织：α'马氏体

放大倍数：200×

图 10-20　TC4 固溶显微组织

三、实验设备及材料

（1）实验仪器设备　倒置（正置）金相显微镜。

（2）实验材料　灰铸铁、球墨铸铁等铸铁金相试样若干，典型的铝合金、铜合金等有色金属金相试样若干。

（3）实验耗材　金相砂纸、抛光布、抛光膏、2B 铅笔、圆规、橡皮、直尺等。

四、实验内容及步骤

1）实验前预习所做实验内容，并写预习报告，了解实验原理及内容。

2）在显微镜下观察不同铸铁显微组织，主要观察各铸铁显微组织中石墨形态的特征及基体组织的不同。

3）在显微镜上观察典型有色金属显微组织，主要观察合金成分、处理状态对显微组织的影响。

4）画出所观察铸铁和有色金属的显微组织示意图，示意图为大小 50mm×40mm 长方形或者 ϕ40mm 圆形，示意图说明包括材料名称、处理状态、腐蚀剂、放大倍数等，示意图中注明组织构成。

5）分析石墨形态对铸铁性能的影响。

6）分析有色金属中第二相的形态对有色金属性能的影响。

五、实验报告内容

1. 实验名称

2. 实验目的

3. 实验原理

1）灰铸铁的组织特征及性能。

2）常见有色金属的组织及性能特征。

4. 实验设备及材料

5. 实验内容及步骤

6. 实验数据与结果

画出所观察的铸铁显微组织示意图两张和一种有色金属不同状态或成分的显微组织示意图两张。示意图为大小 50mm×40mm 长方形或者 ϕ40mm 圆形，图示说明包括材料名称、处理状态、腐蚀剂和放大倍数等，示意图中注明组织构成。

7. 思考题

1）试述铸铁中石墨形态对性能的影响。

2）与钢铁材料相比，有色金属组织、性能有什么特点？

附　　录

附录 A　布氏硬度对照表

球直径 D/mm				试验力-压头球直径平方的比率 0.102×F/D²/(N/mm²)					
				30	15	10	5	2.5	1
				试验力 F/N					
10				29420	14710	9807	4903	2452	980.7
	5			7355	—	2452	1226	612.9	245.2
		2.5		1839	—	612.9	306.5	153.2	61.29
			1	294	—	98.07	49.03	24.52	9.807
压痕平均直径 d/mm				布氏硬度　HBW					
3.00	1.500	0.7500	0.300	415	207	138	69.1	34.6	13.8
3.01	1.505	0.7525	0.301	412	205	137	68.6	34.3	13.7
3.02	1.510	0.7550	0.302	409	204	136	68.2	34.1	13.6
3.03	1.515	0.7575	0.303	406	202	135	67.7	33.9	13.5
3.04	1.520	0.7600	0.304	404	201	135	67.3	33.6	13.5
3.05	1.525	0.7625	0.305	401	200	134	66.8	33.4	13.4
3.06	1.530	0.7650	0.306	398	199	133	66.4	33.2	13.3
3.07	1.535	0.7675	0.307	395	198	132	65.9	33.0	13.2
3.08	1.540	0.7700	0.308	393	196	131	65.5	32.7	13.1
3.09	1.545	0.7725	0.309	390	195	130	65.0	32.5	13.0
3.10	1.550	0.7750	0.310	388	194	129	64.6	32.3	12.9
3.11	1.555	0.7775	0.311	385	193	128	64.2	32.1	12.8
3.12	1.560	0.7800	0.312	383	191	128	63.8	31.9	12.8
3.13	1.565	0.7825	0.313	380	190	127	63.3	31.7	12.7
3.14	1.570	0.7850	0.314	378	189	126	62.9	31.5	12.6
3.15	1.575	0.7875	0.315	375	188	125	62.5	31.3	12.5

（续）

球直径 D/mm				试验力-压头球直径平方的比率 0.102×F/D² /（N/mm²）					
				30	15	10	5	2.5	1
				试验力 F/N					
10				29420	14710	9807	4903	2452	980.7
	5			7355	—	2452	1226	612.9	245.2
		2.5		1839	—	612.9	306.5	153.2	61.29
			1	294	—	98.07	49.03	24.52	9.807
压痕平均直径 d/mm				布氏硬度　HBW					
3.16	1.580	0.7900	0.316	373	186	124	62.1	31.1	12.4
3.17	1.585	0.7925	0.317	370	185	123	61.7	30.9	12.3
3.18	1.590	0.7950	0.318	368	184	123	61.3	30.7	12.3
3.19	1.595	0.7975	0.319	366	183	122	60.9	30.5	12.2
3.20	1.600	0.8000	0.320	363	181	121	60.5	30.3	12.1
3.21	1.605	0.8025	0.321	361	180	120	60.1	30.1	12.0
3.22	1.610	0.8050	0.322	359	179	120	59.8	29.9	12.0
3.23	1.615	0.8075	0.323	356	178	119	59.4	29.7	11.9
3.24	1.620	0.8100	0.324	354	177	118	59.0	29.5	11.8
3.25	1.625	0.8125	0.325	352	176	117	58.6	29.3	11.7
3.26	1.630	0.8150	0.326	350	175	117	58.3	29.1	11.7
3.27	1.635	0.8175	0.327	347	174	116	57.9	29.0	11.6
3.28	1.640	0.8200	0.328	345	173	115	57.5	28.8	11.5
3.29	1.645	0.8225	0.329	343	172	114	57.2	28.6	11.4
3.30	1.650	0.8250	0.330	341	170	114	56.8	28.4	11.4
3.31	1.655	0.8275	0.331	339	169	113	56.5	28.2	11.3
3.32	1.660	0.8300	0.332	337	168	112	56.1	28.1	11.2
3.33	1.665	0.8325	0.333	335	167	112	55.8	27.9	11.2
3.34	1.670	0.8350	0.334	333	166	111	55.4	27.7	11.1
3.35	1.675	0.8375	0.335	331	165	110	55.1	27.5	11.0
3.36	1.680	0.8400	0.336	329	164	110	54.8	27.4	11.0
3.37	1.685	0.8425	0.337	327	163	109	54.4	27.2	10.9
3.38	1.690	0.8450	0.338	325	162	108	54.1	27.0	10.8
3.39	1.695	0.8475	0.339	323	161	108	53.8	26.9	10.8
3.40	1.700	0.8500	0.340	321	160	107	53.4	26.7	10.7
3.41	1.705	0.8525	0.341	319	159	106	53.1	26.6	10.6
3.42	1.710	0.8550	0.342	317	158	106	52.8	26.4	10.6
3.43	1.715	0.8575	0.343	315	157	105	52.5	26.2	10.5
3.44	1.720	0.8600	0.344	313	156	104	52.2	26.1	10.4

（续）

球直径 D/mm				试验力-压头球直径平方的比率 0.102×F/D² / (N/mm²)					
				30	15	10	5	2.5	1
				试验力 F/N					
10				29420	14710	9807	4903	2452	980.7
	5			7355	—	2452	1226	612.9	245.2
		2.5		1839	—	612.9	306.5	153.2	61.29
			1	294	—	98.07	49.03	24.52	9.807
压痕平均直径 d/mm				布氏硬度　HBW					
3.45	1.725	0.8625	0.345	311	156	104	51.8	25.9	10.4
3.46	1.730	0.8650	0.346	309	155	103	51.5	25.8	10.3
3.47	1.735	0.8675	0.347	307	154	102	51.2	25.6	10.2
3.48	1.740	0.8700	0.348	306	153	102	50.9	25.5	10.2
3.49	1.745	0.8725	0.349	304	152	101	50.6	25.3	10.1
3.50	1.750	0.8750	0.350	302	151	101	50.3	25.2	10.1
3.51	1.755	0.8775	0.351	300	150	100	50.0	25.0	10.0
3.52	1.760	0.8800	0.352	298	149	99.5	49.7	24.9	9.95
3.53	1.765	0.8825	0.353	297	148	98.9	49.4	24.7	9.89
3.54	1.770	0.8850	0.354	295	147	98.3	49.2	24.6	9.83
3.55	1.775	0.8875	0.355	293	147	97.7	48.9	24.4	9.77
3.56	1.780	0.8900	0.356	292	146	97.2	48.6	24.3	9.72
3.57	1.785	0.8925	0.357	290	145	96.6	48.3	24.2	9.66
3.58	1.790	0.8950	0.358	288	144	96.1	48.0	24.0	9.61
3.59	1.795	0.8975	0.359	286	143	95.5	47.7	23.9	9.55
3.60	1.800	0.9000	0.360	285	142	95.0	47.5	23.7	9.50
3.61	1.805	0.9025	0.361	283	142	94.4	47.2	23.6	9.44
3.62	1.810	0.9050	0.362	282	141	93.9	46.9	23.5	9.39
3.63	1.815	0.9075	0.363	280	140	93.3	46.7	23.3	9.33
3.64	1.820	0.9100	0.364	278	139	92.8	46.4	23.2	9.28
3.65	1.825	0.9125	0.365	277	138	92.3	46.1	23.1	9.23
3.66	1.830	0.9150	0.366	275	138	91.8	45.9	22.9	9.18
3.67	1.835	0.9175	0.367	274	137	91.2	45.6	22.8	9.12
3.68	1.840	0.9200	0.368	272	136	90.7	45.4	22.7	9.07
3.69	1.845	0.9225	0.369	271	135	90.2	45.1	22.6	9.02
3.70	1.850	0.9250	0.370	269	135	89.7	44.9	22.4	8.97
3.71	1.855	0.9275	0.371	268	134	89.2	44.6	22.3	8.92
3.72	1.860	0.9300	0.372	266	133	88.7	44.4	22.2	8.87
3.73	1.865	0.9325	0.373	265	132	88.2	44.1	22.1	8.82

（续）

球直径 D/mm				试验力-压头球直径平方的比率 0.102×F/D^2/（N/mm²）					
				30	15	10	5	2.5	1
				试验力 F/N					
10				29420	14710	9807	4903	2452	980.7
	5			7355	—	2452	1226	612.9	245.2
		2.5		1839	—	612.9	306.5	153.2	61.29
			1	294	—	98.07	49.03	24.52	9.807
压痕平均直径 d/mm				布氏硬度 HBW					
3.74	1.870	0.9350	0.374	263	132	87.7	43.9	21.9	8.77
3.75	1.875	0.9375	0.375	262	131	87.2	43.6	21.8	8.72
3.76	1.880	0.9400	0.376	260	130	86.8	43.4	21.7	8.68
3.77	1.885	0.9425	0.377	259	129	86.3	43.1	21.6	8.63
3.78	1.890	0.9450	0.378	257	129	85.8	42.9	21.5	8.58
3.79	1.895	0.9475	0.379	256	128	85.3	42.7	21.3	8.53
3.80	1.900	0.9500	0.380	255	127	84.9	42.4	21.2	8.49
3.81	1.905	0.9525	0.381	253	127	84.4	42.2	21.1	8.44
3.82	1.910	0.9550	0.382	252	126	83.9	42.0	21.0	8.39
3.83	1.915	0.9575	0.383	250	125	83.5	41.7	20.9	8.35
3.84	1.920	0.9600	0.384	249	125	83.0	41.5	20.8	8.30
3.85	1.925	0.9625	0.385	249	124	82.6	41.3	20.6	8.26
3.86	1.930	0.9650	0.386	246	123	82.1	41.1	20.5	8.21
3.87	1.935	0.9675	0.387	245	123	81.7	40.9	20.4	8.17
3.88	1.940	0.9700	0.388	244	122	81.3	40.6	20.3	8.13
3.89	1.945	0.9725	0.389	242	121	80.8	40.4	20.2	8.08
3.90	1.950	0.9750	0.390	241	121	80.4	40.2	20.1	8.04
3.91	1.955	0.9775	0.391	240	120	80.0	40.0	20.0	8.00
3.92	1.960	0.9800	0.392	239	119	79.5	39.8	19.9	7.95
3.93	1.965	0.9825	0.393	237	119	79.5	39.8	19.9	7.95
3.94	1.970	0.9850	0.394	236	118	78.7	39.4	19.7	7.87
3.95	1.975	0.9875	0.395	235	117	79.3	39.1	19.6	7.83
3.96	1.980	0.9900	0.396	234	117	77.9	38.9	19.5	7.79
3.97	1.985	0.9925	0.397	232	116	77.5	38.7	19.4	7.75
3.98	1.990	0.9950	0.398	231	116	77.1	38.5	19.3	7.71
3.99	1.995	0.9975	0.399	230	115	76.7	38.3	19.2	7.67
4.00	2.000	1.0000	0.400	229	114	76.3	38.1	19.1	7.63
4.01	2.005	1.0025	0.401	228	114	75.9	37.9	19.0	7.59
4.02	2.010	1.0050	0.402	226	113	75.5	37.7	18.9	7.55

（续）

球直径 D/mm				试验力-压头球直径平方的比率 $0.102 \times F/D^2$ /（N/mm^2）					
				30	15	10	5	2.5	1
				试验力 F/N					
10				29420	14710	9807	4903	2452	980.7
	5			7355	—	2452	1226	612.9	245.2
		2.5		1839	—	612.9	306.5	153.2	61.29
			1	294	—	98.07	49.03	24.52	9.807
压痕平均直径 d/mm				布氏硬度 HBW					
4.03	2.015	1.0075	0.403	225	113	75.1	37.5	18.8	7.51
4.04	2.020	1.0100	0.404	224	112	74.7	37.3	18.7	7.47
4.05	2.025	1.0125	0.405	223	111	74.3	37.1	18.6	7.43
4.06	2.030	1.0150	0.406	222	111	73.9	37.0	18.5	7.39
4.07	2.035	1.0175	0.407	221	110	73.5	36.8	18.4	7.35
4.08	2.040	1.0200	0.408	219	110	73.2	36.6	18.3	7.32
4.09	2.045	1.0225	0.409	218	109	72.8	36.4	18.2	7.28
4.10	2.050	1.0250	0.410	217	109	72.4	36.2	18.1	7.24
4.11	2.055	1.0275	0.411	216	108	72.0	36.0	18.0	7.20
4.12	2.060	1.0300	0.412	215	108	71.7	35.8	17.9	7.17
4.13	2.065	1.0325	0.413	214	107	71.3	35.7	17.8	7.13
4.14	2.070	1.0350	0.414	213	106	71.0	35.5	17.7	7.10
4.15	2.075	1.0375	0.415	212	106	70.6	35.3	17.6	7.06
4.16	2.080	1.0400	0.416	211	105	70.2	35.1	17.6	7.02
4.17	2.085	1.0425	0.417	210	105	69.9	34.9	17.5	6.99
4.18	2.090	1.0450	0.418	209	104	69.5	34.8	17.4	6.95
4.19	2.095	1.0475	0.419	208	104	69.2	34.6	17.3	6.92
4.20	2.100	1.0500	0.420	207	103	68.8	34.4	17.2	6.88
4.21	2.105	1.0525	0.421	205	103	68.5	34.2	17.1	6.85
4.22	2.110	1.0550	0.422	204	102	68.2	34.1	17.0	6.82
4.23	2.115	1.0575	0.423	203	102	67.8	33.9	17.0	6.78
4.24	2.120	1.0600	0.424	202	101	67.5	33.7	16.9	6.75
4.25	2.125	1.0625	0.425	201	101	67.1	33.6	16.8	6.71
4.26	2.130	1.0650	0.426	200	100	66.8	33.4	16.7	6.68
4.27	2.135	1.0675	0.427	199	99.7	66.5	33.2	16.6	6.65
4.28	2.140	1.0700	0.428	198	99.2	66.2	33.1	16.5	6.62
4.29	2.145	1.0725	0.429	198	98.8	65.8	32.9	16.5	6.58
4.30	2.150	1.0750	0.430	197	98.3	65.5	32.8	16.4	6.55
4.31	2.155	1.0775	0.431	196	97.8	65.2	32.6	16.3	6.52

（续）

球直径 D/mm				试验力-压头球直径平方的比率 0.102×F/D²/(N/mm²)					
				30	15	10	5	2.5	1
				试验力 F/N					
10				29420	14710	9807	4903	2452	980.7
	5			7355	—	2452	1226	612.9	245.2
		2.5		1839	—	612.9	306.5	153.2	61.29
			1	294	—	98.07	49.03	24.52	9.807
压痕平均直径 d/mm				布氏硬度　HBW					
4.32	2.160	1.0800	0.432	195	97.3	64.9	32.4	16.2	6.49
4.33	2.165	1.0825	0.433	194	96.8	64.6	32.3	16.1	6.46
4.34	2.170	1.0850	0.434	193	96.4	64.2	32.1	16.1	6.42
4.35	2.175	1.0875	0.435	192	95.9	63.9	32.0	16.0	6.39
4.36	2.180	1.0900	0.436	191	95.4	63.6	31.8	15.9	6.39
4.37	2.185	1.0925	0.437	190	95.0	63.3	31.7	15.8	6.33
4.38	2.190	1.0950	0.438	189	94.5	63.0	31.5	15.8	6.30
4.39	2.195	1.0975	0.439	188	94.1	62.7	31.4	15.7	6.27
4.40	2.200	1.1000	0.440	187	93.6	62.4	31.2	15.6	6.24
4.41	2.205	1.1025	0.441	186	93.2	62.1	31.1	15.5	6.21
4.42	2.210	1.1050	0.442	185	92.7	61.8	30.9	15.5	6.18
4.43	2.215	1.1075	0.443	185	92.3	61.5	30.8	15.4	6.15
4.44	2.220	1.1100	0.444	184	91.8	61.2	30.6	15.3	6.12
4.45	2.225	1.1125	0.445	182	91.4	60.9	30.5	15.2	6.09
4.46	2.230	1.1150	0.446	182	91.0	60.6	30.3	15.2	6.06
4.47	2.235	1.1175	0.447	181	90.5	60.4	30.2	15.1	6.04
4.48	2.240	1.1200	0.448	180	90.1	60.1	30.0	15.0	6.01
4.49	2.245	1.1225	0.449	179	89.7	59.8	29.9	14.9	5.98
4.50	2.250	1.1250	0.450	179	89.3	59.5	29.8	14.9	5.95
4.51	2.255	1.1275	0.451	178	88.9	59.2	29.6	14.8	5.92
4.52	2.260	1.1300	0.452	177	88.4	59.0	29.5	14.7	5.90
4.53	2.265	1.1325	0.453	176	88.0	58.7	29.3	14.7	5.87
4.54	2.270	1.1350	0.454	175	87.6	58.4	29.2	14.6	5.84
4.55	2.275	1.1375	0.455	174	87.2	58.1	29.1	14.5	5.81
4.56	2.280	1.1400	0.456	174	86.8	57.9	28.9	14.5	5.79
4.57	2.285	1.1425	0.457	173	86.4	57.6	28.8	14.4	5.76
4.58	2.290	1.1450	0.458	172	86.0	57.3	28.7	14.3	5.73
4.59	2.295	1.1475	0.459	171	85.6	57.1	28.5	14.3	5.71
4.60	2.300	1.1500	0.460	170	85.2	56.8	28.4	14.2	5.68

（续）

球直径 D/mm				试验力-压头球直径平方的比率 $0.102 \times F/D^2/(\mathrm{N/mm^2})$					
				30	15	10	5	2.5	1
				试验力 F/N					
10				29420	14710	9807	4903	2452	980.7
	5			7355	—	2452	1226	612.9	245.2
		2.5		1839	—	612.9	306.5	153.2	61.29
			1	294	—	98.07	49.03	24.52	9.807
压痕平均直径 d/mm				布氏硬度　HBW					
4.61	2.305	1.1525	0.461	170	84.8	56.5	28.3	14.1	5.65
4.62	2.310	1.1550	0.462	169	84.4	56.3	28.1	14.1	5.63
4.63	2.315	1.1575	0.463	168	84.0	56.0	28.0	14.0	5.60
4.64	2.320	1.1600	0.464	167	83.6	55.8	27.9	13.9	5.58
4.65	2.325	1.1625	0.465	167	83.3	55.5	27.8	13.9	5.55
4.66	2.330	1.1650	0.466	166	82.9	55.3	27.6	13.8	5.53
4.67	2.335	1.1675	0.467	165	82.5	55.0	27.5	13.8	5.50
4.68	2.340	1.1700	0.468	164	82.1	54.8	27.4	13.7	5.48
4.69	2.345	1.1725	0.469	164	81.8	54.5	27.3	13.6	5.45
4.70	2.350	1.1750	0.470	163	81.4	54.3	27.1	13.6	5.43
4.71	2.355	1.1775	0.471	162	81.0	54.0	27.0	13.5	5.40
4.72	2.360	1.1800	0.472	161	80.7	53.8	26.9	13.4	5.38
4.73	2.365	1.1825	0.473	161	80.3	83.5	26.8	13.4	5.35
4.74	2.370	1.1850	0.474	160	79.9	53.3	26.6	13.3	5.33
4.75	2.375	1.1875	0.475	159	79.6	53.0	26.5	13.3	5.30
4.76	2.380	1.1900	0.476	158	79.2	52.8	26.4	13.2	5.28
4.77	2.385	1.1925	0.477	158	78.9	52.6	26.3	13.1	5.26
4.78	2.390	1.1950	0.478	157	78.5	52.3	26.2	13.1	5.23
4.79	2.395	1.1975	0.479	156	78.2	52.1	26.1	13.0	5.21
4.80	2.400	1.2000	0.480	156	77.8	51.9	25.9	13.0	5.19
4.81	2.405	1.2025	0.481	155	77.5	51.6	25.8	12.9	5.16
4.82	2.410	1.2050	0.482	154	77.1	51.4	25.7	12.9	5.14
4.83	2.415	1.2075	0.483	154	76.8	51.2	25.6	12.8	5.12
4.84	2.420	1.2100	0.484	153	76.4	51.0	25.5	12.7	5.10
4.85	2.425	1.2125	0.485	152	76.1	50.7	25.4	12.7	5.07
4.86	2.430	1.2150	0.486	152	75.8	50.5	25.3	12.6	5.05
4.87	2.435	1.2175	0.487	151	75.4	50.3	25.1	12.6	5.03
4.88	2.440	1.2200	0.488	150	75.1	50.1	25.0	12.5	5.01
4.89	2.445	1.2225	0.489	150	74.8	49.8	24.9	12.5	4.98

（续）

球直径 D/mm				试验力-压头球直径平方的比率 0.102×F/D² /（N/mm²）					
				30	15	10	5	2.5	1
				试验力 F/N					
10				29420	14710	9807	4903	2452	980.7
	5			7355	—	2452	1226	612.9	245.2
		2.5		1839	—	612.9	306.5	153.2	61.29
			1	294	—	98.07	49.03	24.52	9.807
压痕平均直径 d/mm				布氏硬度　HBW					
4.90	2.450	1.2250	0.490	149	74.4	49.6	24.8	12.4	4.96
4.91	2.455	1.2275	0.491	148	74.1	49.4	24.7	12.4	4.94
4.92	2.460	1.2300	0.492	148	73.8	49.2	24.6	12.3	4.92
4.93	2.465	1.2325	0.493	147	73.5	49.0	24.5	12.2	4.90
4.94	2.470	1.2350	0.494	146	73.2	48.8	24.4	12.2	4.88
4.95	2.475	1.2375	0.495	146	72.8	48.6	24.3	12.1	4.86
4.96	2.480	1.2400	0.496	145	72.5	48.3	24.2	12.1	4.83
4.97	2.485	1.2425	0.497	144	72.2	48.1	24.1	12.0	4.81
4.98	2.490	1.2450	0.498	144	71.9	47.9	24.0	12.0	4.79
4.99	2.495	1.2475	0.499	143	71.6	47.7	23.9	11.9	4.77
5.00	2.500	1.2500	0.500	143	71.3	47.5	23.8	11.9	4.75

注：参照 GB/T 231.4—2009《金属材料　布氏硬度试验　第 4 部分：硬度值表》。

附录 B　硬度与强度对照表

硬　　度				抗拉强度 R_m/MPa								
洛氏		维氏	布氏（F/D²=30）	碳钢	铬钢	铬钒钢	铬镍钢	铬钼钢	铬镍钼钢	铬锰硅钢	超高强度钢	不锈钢
HRC	HRA	HV	HBW									
20	60.2	226		774	742	736	782	747		781		740
21	60.7	230		793	760	753	792	760		794		758
22	61.2	235		813	779	770	803	774		809		777
23	61.7	241		833	798	788	815	789		824		796
24	62.2	247		854	818	807	829	805		840		816
25	62.8	253		875	838	826	843	822		856		837
26	63.3	259		897	859	847	859	840	859	874		858
27	63.8	266		919	880	869	876	860	879	893		879
28	64.3	273		942	902	892	894	880	901	912		901
29	64.8	280		965	925	915	914	902	923	933		924

（续）

硬 度				抗拉强度 R_m/MPa								
洛氏		维氏	布氏（$F/D^2=30$）	碳钢	铬钢	铬钒钢	铬镍钢	铬钼钢	铬镍钼钢	铬锰硅钢	超高强度钢	不锈钢
HRC	HRA	HV	HBW									
30	65.3	288		989	948	940	935	924	947	954		947
31	65.8	296		1014	972	966	957	948	972	977		971
32	66.4	304		1039	996	993	981	974	999	1001		996
33	66.9	313		1065	1022	1022	1007	1001	1027	1026		1021
34	67.4	321		1092	1048	1051	1034	1029	1056	1052		1047
35	67.9	331		1119	1074	1082	1063	1058	1087	1079		1074
36	68.4	340		1147	1102	1114	1093	1090	1119	1108		1101
37	69	350		1177	1131	1148	1125	1122	1153	1139		1130
38	69.5	360		1207	1161	1183	1159	1157	1189	1171		1161
39	70	371		1238	1192	1219	1195	1192	1226	1204	1195	1193
40	70.5	381	370	1271	1225	1257	1233	1230	1265	1240	1243	1226
41	71.1	393	381	1305	1260	1296	1273	1269	1306	1277	1290	1262
42	71.6	404	392	1340	1296	1337	1314	1310	1348	1316	1336	1299
43	72.1	416	403	1378	1335	1380	1358	1353	1392	1357	1381	1339
44	72.6	428	415	1417	1376	1424	1404	1397	1439	1400	1427	1383
45	73.2	441	428	1459	1420	1469	1451	1444	1487	1445	1473	1429
46	73.7	454	441	1503	1468	1517	1502	1492	1537	1493	1520	1479
47	74.2	468	455	1550	1519	1566	1554	1542	1589	1543	1569	1533
48	74.7	482	470	1600	1574	1617	1608	1595	1643	1595	1620	1592
49	75.3	497	486	1653	1633	1670	1665	1649	1699	1651	1674	1655
50	75.8	512	502	1710	1698	1724	1724	1706	1758	1709	1731	1725
51	76.3	527	518		1768	1780	1786	1764	1819	1770	1792	
52	76.9	544	535		1845	1839	1850	1825	1881	1834	1857	
53	77.4	561	552		1899	1917	1888	1947	1901	1929		
54	77.9	578	569		1961	1986			1971	2006		
55	78.5	596	585		2026	2058			2045	2090		
56	79	615	601							2181		
57	79.5	635	616							2281		
58	80.1	655	628							2390		
59	80.6	676	639							2509		
60	81.2	698	647							2639		
61	81.7	721										
62	82.2	745										

（续）

硬 度				抗拉强度 R_m/MPa								
洛氏		维氏	布氏($F/D^2=30$)	碳钢	铬钢	铬钒钢	铬镍钢	铬钼钢	铬镍钼钢	铬锰硅钢	超高强度钢	不锈钢
HRC	HRA	HV	HBW									
63	82.8	770										
64	83.3	795										
65	83.9	822										
66	84.4	850										
67	85	879										
68	85.5	909										

注：参照 GB/T 1172—1999《黑色金属硬度及强度换算值》。

附录 C 常用化学浸蚀剂

序号	试剂名称	组 成		适用范围及使用说明
1	2%~5%硝酸乙醇溶液	硝酸 乙醇	2~5mL 95~98mL	适用于各种碳钢、铸铁、铅基合金等
2	10% 硝酸乙醇溶液	硝酸 乙醇	10mL 90mL	高速工具钢淬火组织及晶间显示
3	苦味酸乙醇溶液	苦味酸 乙醇	5g 100mL	用于碳钢和低合金钢经热处理后的组织：显示珠光体、马氏体及回火马氏体；显示钢中的碳化物；显示低碳钢铁素体晶界处的渗碳体
4	盐酸、苦味酸溶液	盐酸 苦味酸 乙醇	5mL 1g 100mL	显示淬火及淬火、回火后奥氏体的晶粒大小；显示回火马氏体组织
5	碱性苦味酸钠溶液	苦味酸 氢氧化钠 水	2g 25g 100mL	用煮沸法。浸蚀时间15min,渗碳体受侵蚀变黑色,铁素体仍为白色
6	王水乙醇溶液	硝酸 盐酸 乙醇	10mL 3mL 100mL	室温下浸蚀,刻画组织轮廓,有明显的晶界。适用于大多数不锈钢
7	硫酸铜、盐酸溶液	硫酸铜 盐酸 水	4g 20mL 20mL	室温下浸蚀15~45s,显示晶粒组织,适用于奥氏体型不锈钢
8	氯化铁、硫酸及亚硫酸钠溶液	氯化铁 硫酸 亚硫酸钠 蒸馏水	4g 40mL 2g 100mL	适用灰铸铁、球铁枝晶组织、共晶分布,石墨在枝晶组织中的分布,浸蚀不超过10s
9	苛性赤血盐水溶液	赤血盐 氢氧化钾 水	10g 10g 100mL	加热至沸点时应用,试剂使用时必须新配制。铬不锈钢、镍铬不锈钢铁素体为玫瑰色、浅褐色,σ 相呈褐色,碳化物呈黑色,奥氏体不受侵蚀呈光亮色

（续）

序号	试剂名称	组	成	适用范围及使用说明
10	氢氧化钠水溶液	氢氧化钠 蒸馏水	10~15g 100mL	50~70℃浸蚀几秒钟，显露铝合金晶界（Al-Cu、纯铝、Al-Mg、Al-Si-Mg），短时浸蚀 Al_2Cu 不变色，长时间浸蚀呈黑色
11	混合酸水溶液	氢氟酸 盐酸 硝酸 蒸馏水	2mL 3mL 5mL 190mL	适用于除含硅高的铝合金以外的大多数铝及铝合金，室温侵蚀 10~30s，新鲜溶液效果更佳
12	氢氧化铵及双氧水溶液	氢氧化铵 双氧水（3%） 水	20mL 8~20mL 0~20mL	适用于铜及铜合金。双氧水随含铜量降低而减少，浸蚀或搽试 1min。为求得较佳结果，双氧水须新配制
13	氯化铁盐酸乙醇溶液	氯化铁 盐酸 乙醇	5g 5~30mL 100mL	适用于铜及铜合金，α+β 黄铜及铝青铜中 β 相变暗
14	氢氟酸硝酸水溶液	氢氟酸 硝酸 水	2mL 1mL 17mL	适用于钛及钛合金
15	硝酸醋酸乙二醇水溶液	硝酸 醋酸 乙二醇 水	1mL 20mL 60mL 19mL	适用于镁合金微观组织的显示

附录 D 材料实验室相关安全常识

材料实验室具有本身的功能及特殊性，涉及水电气的安全使用、仪器设备的正确操作、化学试剂的安全使用和管理及废弃物处理等问题。下面简单介绍本书实验中的相关安全常识。

一、公共安全

进入实验室前应了解水阀门、电闸、消防设施及应急逃生通道所在处，明确实验室内的危险源分布及种类，评估实验的安全风险；在实验过程中使用电气设备（如烘箱、电炉、抛光机等）时，绝不可用湿手触碰开关电闸和电器开关，电气设备在使用中人员不得离开；实验结束后，先关仪器设备，再关闭电源，离开实验室前一定要进行检查并将水、电的开关关好，门窗锁好。

二、高压气瓶安全

气瓶是经常使用的一种移动式压力容器，必须专瓶使用，不得改装。搬运时应使用专用小车轻装轻卸，严禁抛、滚、撞等，以免由于撞击、坠落等原因造成爆炸。安装时螺扣应拧紧并检漏。操作高压气瓶时，开阀宜缓，按气瓶的类别选用减压器，气瓶内的气体不可用尽，惰性气体应剩余 0.05MPa 以上压力的气体，可燃气体应剩余 0.2MPa 以上压力的气体。

气瓶应分类分处存放，直立放置时要稳妥；气瓶要远离热源，避免曝晒和强烈振动，氢气瓶和氧气瓶不能同存一处。

三、实验设备安全

材料类实验所用设备种类繁多，使用仪器设备时需培训后严格按照操作规程进行操作。现针对本书实验中所用设备做以下安全提示。

（1）加热设备（热处理炉等）　设定温度不得超过额定值，操作人员要穿工作服戴专用手套，减少皮肤裸露，以免烫伤、灼伤。装取样品时站在警戒线之外使用热处理钳操作，且热处理钳不能带有水或油。

（2）旋转设备（抛光机、预磨机、砂轮等）　操作人员要穿工作服，严禁戴手套，束起长发。启动旋转设备前检查保护罩是否松动。磨抛时不允许施加过大压力，人员不要聚集，不要伏案操作，以免样品飞出导致受伤。

（3）表征设备（金相显微镜、硬度计等）　此类设备危险系数较小，但价格一般较昂贵，须严格按照操作规程操作，严禁未经培训私自操作、拆卸设备，遇到故障及时通知设备管理人员。

四、危险化学品安全

近年来，国家对危险化学品安全越来越重视，化学品需从采购、储存、使用到废弃物处理全流程进行管理。

（1）采购　需经过相关部门批准，从有资质的供应商处依法依规采购，对于易致毒、易致爆等危险品还需向公安机关报备。

（2）存储　对化学药品的存放基本原则是：酸碱不能混放、氧化剂和还原剂不能混放、混合会发生剧烈反应的试剂不能混放、固体药品与液体药品不能混放，低沸点的化合物应进入冰箱，光照或受热容易变质的试剂（如浓硝酸、过氧化氢）要存放在棕色瓶里，并放在阴凉处。对剧毒、易燃、易爆、易挥发和有放射性、有腐蚀性的药品，应实行"五双"管理，即双人收发、双人记账、双人双锁、双人运输、双人使用。

（3）使用　化学药品使用中要遵循安全、准确、不浪费、不乱弃乱扔的原则。

1）凡挥发性、有烟雾、有毒和有异味气体的实验，均应在通风橱内进行，使用后的试剂要密封，尽量缩短操作时间，减少外泄，操作者最好戴口罩、手套、防护眼镜等。

2）使用有机溶剂时切记两点：①许多有机溶剂易燃（乙醚、乙醇等），使用这类试剂时一定要远离火源；②许多有机溶剂有毒，要最大限度减少与有机溶剂接触，对挥发性有机溶剂一定在通风橱内操作。

3）实验室内每瓶试剂必须贴有明显的与内容物相符的标签；严禁将用完的试剂空瓶不更新标签而装入别种试剂；装过强腐蚀性、可燃性、有毒或易爆物品的器皿，应由操作者亲手洗净。

4）化学药品使用记录填写完整规范。

（4）废弃物处理　危险化学品废弃物需明确标注，统一回收，集中处理。

附录 E 部分化学品安全说明书

一、盐酸（附表 E-1）

附表 E-1 盐酸安全说明书

标　识	中文名:盐酸　　分子式:HCl	
物理化学性质	外观与性状:无色或微黄色发烟液体,有刺鼻的酸味 主要用途:重要的无机化工原料,广泛用于染料、医药、食品、印染、皮革、冶金等行业	
燃烧爆炸危险特性	能与一些活性金属粉末发生反应,放出氢气。遇氰化物能产生剧毒的氰化氢气体。与碱发生中和反应,并放出大量的热。具有较强的腐蚀性。灭火方法:雾状水、砂土	
健康危害	接触其蒸气或烟雾,引起眼结膜炎,鼻及口腔粘膜有烧灼感,鼻衄、齿龈出血,刺激皮肤发生皮炎、慢性支气管炎等病变。误服盐酸中毒,可引起消化道灼伤、溃疡形成,有可能胃穿孔、腹膜炎等	
包装与储运	储存于阴凉、干燥、通风处。应与碱类、金属粉末、卤素(氟、氯、溴)、易燃、可燃物等分开存放。不可混储混运。搬运时要轻装轻卸,防止包装及容器损坏。分装和搬运作业要注意个人防护,运输按规定路线行驶	
急救措施	皮肤接触:立即用水冲洗至少 15min 或用 2%碳酸氢钠溶液冲洗。若有灼伤,马上就医 眼睛接触:立即提起眼睑,用流动清水冲洗 10min 或用 2%碳酸氢钠溶液冲洗,马上就医 吸入:迅速脱离现场至空气新鲜处。呼吸困难时给输氧。给予 2~4%碳酸氢钠溶液雾化吸入,马上就医 食入:患者清醒时立即漱口,口服稀释的醋或柠檬汁,马上就医	
防护措施	戴化学安全防护眼镜,穿工作服(防腐材料制作),戴橡皮手套	

二、硫酸（附表 E-2）

附表 E-2 硫酸安全说明书

标　识	中文名:硫酸　　分子式:H_2SO_4	
物理化学性质	外观与性状:纯品为无色透明油状液体,无臭 主要用途:用于生产化学肥料,在化工、医药、塑料、染料、石油提炼等	
燃烧爆炸危险特性	与易燃物和有机物接触会发生剧烈反应,甚至引起燃烧。能与一些活性金属粉末反应放出氢气。遇水大量放热,可发生沸溅。具有强腐蚀性。灭火方法:砂土,禁止用水	
健康危害	对皮肤、黏膜等组织有强烈的刺激和腐蚀作用。对眼睛可引起结膜炎、水肿、角膜混浊,以致失明;引起呼吸道刺激症状,重者发生呼吸困难和肺水肿;高浓度引起喉痉挛或声门水肿而死亡。口服后引起消化道烧伤以至溃疡形成。严重者可能有胃穿孔、腹膜炎、喉痉挛和声门水肿、肾损害、休克等。慢性影响有牙齿酸蚀症、慢性支气管炎等	
包装与储运	储存于阴凉、干燥、通风处。应与易燃、可燃物,碱类、金属粉末等分开存放。不可混储混运。搬运时要轻装轻卸,防止包装及容器损坏。分装和搬运作业要注意个人防护	
急救措施	皮肤接触:脱去污染的衣着,立即用水冲洗至少 15 分钟或用 2%碳酸氢钠溶液冲洗,马上就医 眼睛接触:立即提起眼睑,用流动清水或生理盐水冲洗至少 15min,马上就医 吸入:迅速脱离现场至空气新鲜处。呼吸困难时给输氧。给予 2%~4%碳酸氢钠溶液雾化吸入,马上就医 食入:误服者给牛奶、蛋清、植物油等口服,不可催吐,马上就医	
防护措施	戴化学安全防护眼镜,穿工作服(防腐材料制作),戴橡皮手套	

三、硝酸（附表 E-3）

附表 E-3 硝酸安全说明书

标 识	中文名:硝酸 分子式:HNO₃
物理化学性质	外观与性状:纯品为无色透明发烟液体,有酸味 主要用途:用途极广。主要用于化肥、染料、国防、炸药、冶金、医药等工业
燃烧爆炸危险特性	具有强氧化性。与易燃物(如苯)和有机物(如糖、纤维素等)接触会发生剧烈反应,甚至引起燃烧。与碱金属能发生剧烈反应,具有强腐蚀性。灭火方法:砂土、二氧化碳、雾状水、火场周围可用的灭火介质
健康危害	其蒸气有刺激作用,引起黏膜和上呼吸道的刺激症状。如流泪、咽喉刺激感、呛咳并伴有头痛、头晕、胸闷等。长期接触可引起牙齿酸蚀,与皮肤接触引起灼伤。口服硝酸,会引起上消化道剧痛、烧灼伤以至形成溃疡;严重者可能有胃穿孔、腹膜炎、喉痉挛、肾损害、休克以至窒息等
包装与储运	储存于阴凉、干燥、通风处。应与易燃、可燃物,碱类、金属粉末等分开存放。不可混储混运。搬运时要轻装轻卸,防止包装及容器损坏。分装和搬运作业要注意个人防护。运输按规定路线行驶,勿在居民区和人口稠密区停留
急救措施	皮肤接触:立即用水冲洗至少 15min 或用 2%碳酸氢钠溶液冲洗。若有灼伤,马上就医 眼睛接触:立即提起眼睑,用流动清水或生理盐水冲洗至少 15min,马上就医 吸入:迅速脱离现场至空气新鲜处,呼吸困难时给予输氧。给予 2~4%碳酸氢钠溶液雾化吸入,马上就医 食入:误服者给牛奶、蛋清、植物油等口服,不可催吐,马上就医
防护措施	戴化学安全防护眼镜,穿工作服(防腐材料制作),戴橡皮手套

四、氢氟酸（附表 E-4）

附表 E-4 氢氟酸安全说明书

标 识	中文名:氢氟酸 分子式:HF
物理化学性质	外观与性状:无色透明有刺激性臭味的液体,商品为 40%的水溶液 主要用途:用作分析试剂、高纯氟化物的制备、玻璃蚀刻及电镀表面处理等
燃烧爆炸危险特性	腐蚀性极强。遇 H 发泡剂立即燃烧,能与普通金属发生反应,放出氢气而与空气形成爆炸性混合物。灭火方法:雾状水、泡沫
健康危害	对皮肤有强烈的腐蚀作用,能穿透皮肤向深层渗透,形成坏死和溃疡,且不易治愈。眼接触高浓度氢氟酸可引起角膜穿孔。接触其蒸气,可发生支气管炎、肺炎等。长期接触可发生呼吸道慢性炎症,引起牙周炎、氟骨病
包装与储运	储存于阴凉、通风仓间内,远离火种、热源。防止阳光直射。应与碱类、金属粉末、易燃、可燃物、发泡剂等分开存放,不可混运。要轻装轻卸,防止包装及容器损坏。分装和搬运作业要注意个人防护。运输按规定路线行驶,勿在居民区和人口稠密区停留
急救措施	皮肤接触:脱去污染的衣着,流动清水冲洗 10min 或 2%碳酸氢钠溶液冲洗,马上就医 眼睛接触:立即提起眼睑,用流动清水或生理盐水冲洗至少 15min,马上就医 吸入:迅速脱离现场至空气新鲜处,保持呼吸道通畅。呼吸困难时给输氧,给予 2%~4%碳酸氢钠溶液雾化吸入,马上就医 食入:误服者给饮牛奶或蛋清,立即就医
防护措施	戴化学安全防护眼镜,穿工作服(防腐材料制作),戴橡皮手套

五、氢氧化钠（附表 E-5）

附表 E-5　氢氧化钠安全说明书

标　　识	中文名：氢氧化钠　　　分子式：NaOH
物理化学性质	外观与性状：白色不透明固体，易潮解 主要用途：用于肥皂工业、石油精炼、造纸、人造丝、制革、医药、有机合成等
燃烧爆炸危险特性	本品不会燃烧，遇水和水蒸气大量放热，形成腐蚀性溶液。与酸发生中和反应并放热，具有强腐蚀性。灭火方法：雾状水、砂土
健康危害	本品有强烈刺激和腐蚀性。粉尘或烟雾刺激眼和呼吸道，腐蚀鼻中隔；皮肤和眼直接接触可引起灼伤；误服可造成消化道灼伤，粘膜糜烂、出血及休克
包装与储运	储存于高燥清洁的仓间内，注意防潮和雨水浸入。应与易燃、可燃物及酸类分开存放，分装和搬运要注意个人防护，要轻装轻卸，防止包装及容器损坏。雨天不宜运输
急救措施	皮肤接触：立即用水冲洗至少 15min。若有灼伤，就医治疗 眼睛接触：立即提起眼睑，用流动清水或生理盐水冲洗至少 15min，或用 3%硼酸溶液冲洗，马上就医 吸入：迅速脱离现场至空气新鲜处，必要时进行人工呼吸，马上就医 食入：患者清醒时立即漱口，口服稀释的醋或柠檬汁，马上就医
防护措施	戴化学安全防护眼镜，穿工作服（防腐材料制作），戴橡皮手套

六、乙醇（酒精）（附表 E-6）

附表 E-6　乙醇（酒精）安全说明书

标　　识	中文名：乙醇(酒精)　　　分子式：C_2H_6O
物理化学性质	外观与性状：无色液体，有酒香 主要用途：用于制酒工业、有机合成、消毒以及用作溶剂
燃烧爆炸危险特性	其蒸气与空气形成爆炸性混合物，遇明火、高热能引起燃烧爆炸。与氧化剂能发生强烈反应。其蒸气比空气重，能在较低处扩散到相当远的地方，遇火源引着回燃。若遇高热，容器内压增大，有开裂和爆炸的危险。燃烧时发出紫色火焰，灭火方法：泡沫、二氧化碳、干粉、砂土，用水灭火无效
健康危害	人长期口服中毒剂量的乙醇，可见到肝、心肌脂肪浸润，慢性软脑膜炎和慢性胃炎。对中枢神经系统，先作用于大脑皮质，表现为兴奋，最后由于延髓血管运动中枢和呼吸中枢受到抑制而死亡，呼吸中枢麻痹是致死的主要原因 急性中毒：表现分兴奋期、共济失调期、昏睡期，严重者深度昏迷。血中乙醇浓度过高可致死 慢性影响：可引起头痛、头晕、易激动、乏力等，皮肤反复接触可引起干燥、脱屑、皲裂和皮炎
包装与储运	储存于阴凉、通风仓间内，远离火种、热源。仓温不宜超过 30℃，防止阳光直射。保持容器密封，应与氧化剂分开存放。储存间内的照明等设施应采用防爆型，开关设在仓外，配备相应消防器材。桶装堆垛不可过大，应留墙距、顶距、柱距及必要的防火检查走道，罐储时要有防火防爆技术措施。露天贮罐夏季要有降温措施，禁止使用易产生火花的机械设备和工具
急救措施	皮肤接触：脱去污染的衣着，用流动清水冲洗 眼睛接触：立即提起眼睑，用大量流动清水彻底冲洗 吸入：迅速脱离现场至空气新鲜处，必要时进行人工呼吸，马上就医 食入：误服者给饮大量温水，催吐，马上就医
防护措施	穿工作服

参 考 文 献

[1] 胡赓祥，蔡珣，戎咏华. 材料科学基础 [M]. 3 版. 上海：上海交通大学出版社，2010.

[2] 葛利玲，宗彬，赵玉珍，等. 光学金相显微技术 [M]. 北京：冶金工业出版社，2017.

[3] 陈洪玉，胡海亭，张鹤，等. 金相显微分析 [M]. 哈尔滨：哈尔滨工业大学出版社，2013.

[4] 王渊博，吕晓霞，杨晓红，等. 工程材料实验教程 [M]. 北京：机械工业出版社，2019.

[5] 饶克，齐亮，叶洁云，等. 金属材料专业实验教程 [M]. 北京：冶金工业出版社，2018.

[6] 仵海东，李春红，曹献龙，等. 金属材料工程实验教程 [M]. 北京：冶金工业出版社，2017.

[7] 潘清林. 金属材料科学与工程实验教程 [M]. 长沙：中南大学出版社，2006.

[8] 葛利玲. 材料科学与工程基础实验教程 [M]. 2 版. 北京：机械工业出版社，2018.

[9] 郝清月. 金属材料缺陷金相检测实例及缺陷金相图谱 [M]. 北京：中国知识出版社，2006.

[10] 王运炎. 金相图谱 [M]. 北京：高等教育出版社，1994.

[11] 叶卫平. 实用钢铁材料金相检验 [M]. 北京：机械工业出版社，2012.

[12] 王志道. 低倍检验在连铸生产中的应用和图谱 [M]. 北京：冶金工业出版社，2009.

[13] 唐仁政，田荣璋. 二元合金相图及中间相晶体结构 [M]. 长沙：中南大学出版社，2009.

[14] 赵乃勤. 合金固态相变 [M]. 长沙：中南大学出版社，2008.

[15] 崔忠圻，覃耀春. 金属学与热处理 [M]. 2 版. 北京：机械工业出版社，2007.

[16] 中国机械工程学会热处理学会. 热处理手册：第 1 卷 [M]. 4 版. 北京：机械工业出版社，2008.

[17] 上海市热处理协会. 实用热处理手册 [M]. 2 版. 上海：上海科学技术出版社，2009.

[18] 李炯辉. 金属材料金相图谱 [M]. 北京：机械工业出版社，2006.

[19] 吴承建，陈国良，张文江，等. 金属材料学 [M]. 北京：冶金工业出版社，2009.

[20] 黎文献. 有色金属材料工程概论 [M]. 北京：冶金工业出版社，2007.